해외여행기

체험솔솔
세계기행

펴낸날 · 2004년 8월 23일

글쓴이 · 박종현 · 안종완
펴낸이 · 박인한

펴낸곳 · 세계문예
등록/1998년 5월 27일(제7-180호)

주소/(132-033) 서울시 도봉구 쌍문3동 315-402

☎ 대표:995-0071 영업부:995-0072
　편집실:995-1177 주간실:995-0073
　팩스/904-0071

e-mail | adongmun@naver.com
e-mail | adongmun@hanmail.net
Homepage | adongmun.co.kr
　　　　　아동문예

편집팀 · 박옥주 · 이연자

값 12,000원

ISBN 89-88695-40-2

체험슥슥
세계기행

지구본을 보며 세계기행을!

해외여행은 문화와 체험으로 누구에게나 설레이는 일이지만 여행 비용과 시간 때문에 어려운 일이고 쉬운 일이 아니다.

이번에 **체험술술** **세계기행** 을 쓴 필자도 20년이 넘었지만 감사한 마음이 가득한 것은 해외여행은 어려운 일이기 때문이다.

프랑스, 이태리, 요르단, 인도는 국고보조금으로, 터키, 불가리아, 그리스는 대우자동차 후원으로 이루어졌다. 그리고 로스앤젤레스, 샌프란시스코는 재미문인단체 초청으로, 캄보디아, 베트남은 부산 친구의 성원으로 해외여행을 하여 감사드리고 있다.

다른 나라도 한국문인협회, 한국잡지협회, 춘추회 임원과 회원으로 책임과 유대로 여행을 하였고, 그 귀중한 곳을 다니며 사진을 찍고 모은 자료를 이용하여 세계기행을 쓸 수 있었다.

여러 책을 읽고 나름대로 독후감을 쓰듯이, 여러 나라 여행을 하며 사진과 함께 기행문을 쓰는 것은 당연한 일이다.

2001년 3월 위암수술을 받고 마음의 짐을 덜기 위해 세계여행을 준비하였고, 아내는 초등학교 교장이지만 방학이라 환자를 위해 간호사처럼 나선 것이 **체험술술** **세계기행** 필자가 되었다.

또한 월간 〈아동문예〉를 내면서 화보지면이 많이 남아 그 자리에 세계기행을 게재하였고, 그리하여 제작비가 많이 들지 않아 **체험술술** **세계기행** 을 제작하는데 큰 도움이 되었다.

집에도 있고 사무실에도 있는 지구본을 보며 **체험술술** **세계기행** 을 다듬으며 함께 여행한 분들께 감사드리고 있다.

월간 '아동문예' 편집실에서
박 종 현

안 종 완 **체험솔솔 세계기행**

체험솔솔 세계기행　박종현

안 종 완

케냐의 암보셀리 공원 사파리

● 암보셀리 공원에 도착한 경비행기와 필자

2002년 8월 14일 10시 남아프리카 요하네스버그 공항에서 출발하여 케냐의 수도 나이로비에 도착한 것은 15시. 다시 경비행기를 타고 살포시 내려앉은 곳은 암보셀리 국립공원. 나이로비에서 180km를 50분만에 날아왔다.

처음 경비행기에 올랐을 때 나는 안전을 비는 기도를 드렸고, 일행 모두 두려워서 침묵을 지키고 있었다. 이런 마음은 아랑곳하지 않고 한참을 날고 있을 때, "아니, 저기 무지개가 떴다."라는 말로 침묵을 깨고, '저 무지개가 여행을 축복해 준다'고 좋아하였다. 이슬비를 살짝 뿌려 뜬 무지개를 경비행기 안에서 바라보았다.

암보셀리 국립공원. 아, 끝없이 펼쳐진 대지여! 창조주의 위대한 힘이여! 탄성이 저절로 나왔다. 끝없이 펼쳐진 대지는 둥근 지평선을 이루고 있다. 둥근 수평선은 보았어도 둥근 지평선은 처음 보는 것. 그 넓은 대지는 모두 풀밭. 겨울이 끝나는 시기이고, 건기여서 마른 풀만 끝없이 펼쳐져 있다. 공원이라지만 아름다운 꽃도 우거진 숲도 없다. 마른 풀들 뿐 새소리도 시냇물 소리도 들리지 않는다. 들리는 것이 있다면 적막한 바람 소리뿐이다.

양팔을 벌리고 상쾌한 바람을 맞는다. 1,600m의 고지에서 불어온 시원한 바람이

○ 롯지에서 새벽에 본 보랏빛의 킬리만자로 (필자와 박종현주간)

얼굴과 팔과 다리를 만져준다. 광활한 대지에 혼자 서서 '내 안에 있는 부족함은 무엇 인가?' '내 안에 있는 목마름은 무엇인가?' 생각해본다.

뒤를 돌아다보니 킬리만자로가 턱 버티고 있다. 아무리 찾아보아도 산이라고는 킬 리만자로뿐이었다. 아프리카의 최고봉인 5,895m의 킬리만자로는 끝이 보이지 않는 암보셀리 대지를 품에 안고 혼자서 길게 펼쳐 있다. 킬리만자로는 아프리카 원주민 언 어인 스와힐리어로 '번쩍이는 산' 이라는 뜻.

헤밍웨이가 노년에 이곳에 와서 킬리만자로의 눈을 집필했다는 곳. 애인과 함께 아 프리카를 찾아온 한 사내가 갑작스런 죽음을 앞두고 지나온 삶을 잔잔히 추억하는 이 야기가 '킬리만자로의 눈' 이다. 헤밍웨이가 자신이 언젠가는 잘 쓸 수 있을 것이라는 자신감 하나만으로 재능을 탕진하면서 살다가 '영혼의 군살' 을 빼기 위해 아프리카에 와서 명작 킬리만자로의 눈을 남겼다.

자연이 거대한 품에 경외감을 갖고 진정한 자유를 가져보는 소중한 시간. 좀더 나를 찾아보고 싶었지만 드라이브 사파리를 위해 지붕이 열리는 차량에 나누어 탔다.

사파리(safari)라는 친숙한 단어는 스와힐리어로 '가서 무엇을 얻고 돌아온다' 라는 뜻. 큰아들이 대학 첫 여름방학을 맞아 유럽 배낭여행을 떠날 때 "네가 여행하고 있는 동안에도 엉덩이가 무르도록 공부하고 있는 사람이 있다는 것을 기억하라."고 귀에 못 을 박아둔 나였다. 그러나 무엇인가를 움켜잡으려고 애쓰지 말고, 스쳐 지나면서 대자

○ 암보셀리 공원을 걷고 있는 코끼리가족

연 앞에 혼자 서 보고, 자연의 섭리를 살며시 엿보는 것으로 만족해야 한다고 생각하니 마음이 한결 가벼워졌다.

차량으로 숙소인 롯지(lodge)로 이동하면서 게임 드라이브 사파리, 코끼리, 버팔로 코뿔소, 임팔라 등 동물들의 움직이는 모습을 살펴 본다. 코끼리들은 가족끼리 무리지어 다녔다. 대장과 두 번째 대장이 있어서 그들의 명령에 절대 복종하며 새끼 코끼리들이 졸졸 따라다니는 모습이 보기에 좋았다.

코끼리는 영물로 눈물을 흘리기도 하고, 새끼가 죽으면 상아에 얹어 무덤으로 옮겨준다고 한다. 어른 코끼리는 하루에 먹는 양이 600~800kg이나 된다니 보츠와나의 잠베지강 유역에서 보았던 잎이 없어서 말라죽은 나무들이 이해가 된다. 롯지에 도착하니 원숭이들이 담을 타고 다니면서 반겨준다.

짐바브웨 빅토리아 폭포에서 만났던 여행객으로부터 케냐의 롯지에서 잠잘 때 추웠다는 말을 들었다. 안내하는 흑인에게 모포 두 장을 더 달라고 하는네 영어가 모자라 찔찔매었다. 암보셀리까지는 우리 나라 안내원이 따라오지 않아

○ 뭉게구름 붉은 땅의 광야의 신사 기린

차량을 따라오는 하이에나 ◐

모두 영어로 해야 했다. 우리 차량에 영어를 구사할 수 있는 시인이 있어서 다행이었지만….

게임 드라이브 사파리를 하면서 흙먼지를 뒤집어 썼다. 1,600m의 고지에서도 샤워시설이 갖추어져 있음에 감사드리며, 귀하고도 소중한 물이라고 생각되어 비누질은 하지 않고 먼지만 겨우 씻었다. 롯지에서 단잠으로 여행의 피곤을 풀고, 새벽 사파리 게임을 위해 6시에 일어났다.

밖으로 나오니 유럽인들은 벌써 의자를 놓고 앉아서 어둠에서 나타나는 킬리만자로를 감상하고 있다. 보랏빛의 킬리만자로가 점차 붉은 색으로 변하는 모습을 함께 바라보고 있는데 새벽 사파리를 떠난다고 서두르는 바람에 더 이상 감상을 못한 것이 못내 아쉬움으로 남는다.

우리가 묵었던 롯지는 킬리만자로를 감상하기에 가장 좋은 장소인 암보셀리 롯지였다. 조금만 늦었어도 놓칠 뻔한 어둠에 나타나는 보랏빛의 킬리만자로를 본 것은 다행이었다. 커피와 비스켓으로 간단한 요기를 하고 6시 30분에 새벽 사파리에 나섰다. 새벽부터 오전 10시까지, 그리고 오후 4시부터 일몰까지가 사파리를 하는데 최상의 관람

◑ 동물의 고기를 뜯어먹는 독수리들

시간이다. 이 시간대에 대지의 모든 동물들이 분주히 움직이기 때문이다.

6시 50분이 되니 해가 뾰죽 얼굴을 내민 순간부터 눈이 부셨다.

우리 나라의 해돋이는 처음에는 둥그런 모습을 보이다가 한참 후에 눈이 부시기 시작하는데 케냐에서는 하늘과 땅이 맞닿은 둥그런 지평선 위로 해가 떠오른다. 사자를 찾으러 풀밭을 헤맸으나 사자는 보이지 않고 사파리를 즐기는 차량만 오고 가며 풀밭을 누비고 있다. 동물들에게 미안한 생각이 들었다. '웬 불청객들이 우리 삶의 터전을 매연을 뿜어대며 누비고 다니는가 하면서 동물들이 우리를 구경하는 것 같았다. 다행히 차량이 몇 대 안되었지만 앞으로 점차 관광객이 많아지면 동물들의 생태계에 누를 끼치지 않을까 걱정도 된다.

드디어 사자들을 찾았다. 야자수 부근에 사자들이 있다. 야자수는 사자들의 집이란다. 하이에나 새끼들도 보았다. 강아지와 비슷하게 보였다. 사냥은 암사자가 하고, 먹기는 맨 먼저 숫사자가 다음으로 새끼사자가 먹고 남은 것을 암사자가, 다음에는 하이에나가 먹고 나머지 뼈 사이사이는 독수리들의 잔치로 끝난다고 한다.

독수리들의 잔치 현장을 보았는데 서로 먹으려고 다투더니 순식간에 커다란 동물의 갈비뼈가 앙상하게 드러났다. 얼룩말의 패션은 참신하고 아름다웠다. 조그마한 사슴 같으면서 엉덩이에 검은 점을 갖고 있는 임팔라는 자주 만날 수 있었다.

홈슨가재(임팔라 같이 보이면서 뿔이 있는 동물)도 보았다. 광활한 대지는 건초지역이지만 물이 있는 곳은 녹색 땅이었다. 수줍음을 타는 듯 좀처럼 제 모습을 드러내지 않는다는 킬리만자로.

8시쯤에 구름을 벗고, 알몸을 드러내면서 만년설을 제대로 바라본다. 흰 구름 사이에서도 만년설은 구별이 되었다. 차량으로 사파리를 할 때는 생명과 직결되어 차밖으로 나가서는 안된다는 수칙을 깨고 차량도 제약을 받는

○ 암보셀리 광활한 대지에서 (구름속에 킬리만자로가 보인다)

광야의 대지에 서 보고 싶어서 운전기사에게 부탁을 하여 잠시 내려 사진을 찍었다.

킬리만자로와 동물들을 뒤로 하고 암보셀리를 떠나 경비행기를 타고 나이로비로 이동. 올 때의 두려움은 없어지고, 경비행기에서 여유롭게 창밖을 내다보았다. 흰색의 흙과 붉은 색의 흙으로 덮인 넓고도 넓은 땅에 띄엄띄엄 동그라미가 쳐진 곳에 집이 보였다. 넓은 땅에는 산은 없고 가끔 물웅덩이가 있었고, 언덕이 있었는데 돌이나 바위는 없었다.

나이로비에 도착하여 한국인이 경영하는 일식집에서 점심식사를 밥과 김치 된장국으로 속을 시원하게 달랬다. 집을 떠난 지 닷새 동안 기내식, 호텔식으로 맛좋은 각종 고기, 다양한 과일쥬스, 새콤달콤의 과일을 먹었건만 속이 니글거리고 소화가 잘 안되던 차에 가장 맛있는 음식이었다.

케냐에 거주하는 우리 나라 교민은 500명 정도인데 그 가운데 선교사가 50%를 차지하고 나머지는 자영업을 한다. 케냐는 원예, 티, 커피 등의 산업을 하고 실업율이 높다. 남자들은 영역보존의 역할만 할 뿐, 땔감, 물긷기 등 힘든 일은 여자들이 하는데 처녀들의 일하는 능력에 따라 소 10마리, 양 20마리를 줘야하므로 가난한 사람은 장가도 못 간다고 한다.

학제는 초 중등이 8년, 고등이 4년, 대학이 4년으로 12년인 것은 우리 나라와 같았다. 초등학교만 졸업하면 영어를 잘한다고 하고, 실제로 흑인들이 영어를 자유스럽게 하는 것을 보니 부러웠다

마사이족과 아웃 어프 아프리카

○ 아프리카 석양의 놀은 아름답다

　나이로비에서 마사이 마라까지는 260Km 승합차로 5시간이 걸린단다. 길은 포장되어 있으나 군데군데 깊게 파여 있다. 나이로비 시내를 빠져 나올 때 정말 힘든 것은 매연. 차들은 모두 고물차여서 시커먼 매연을 뿜으면서 달리기 때문에 숨쉬기도 매우 힘들었다. 젊은 흑인 운전사가 파인 곳을 피해 곡예운전을 하여 일행은 차안에서 저절로 몸이 흔들려 운동이 되었다.

　집을 떠난 지 닷새째. 오늘이 8월 15일, 광복절. 성모승천 대축일. 태극기는 달았을까? 날짜가 지난 것도 모르고, TV도, 신문도, 휴대전화도 없이 홀가분하게 여행을 즐기고 있다. 길가에는 밀밭과 옥수수밭이 조금 있었고 풀밭을 까맣게 태운 곳도 눈에 띈

다. 길가에는 아주까리가 나무처럼 단단하게 자란다.

초원에는 마사이족이 백 마리도 넘는 소떼를 몰고 간다. 소떼가 도로를 지나갈 때 차는 멈춘다. 맑은 하늘과 솜털구름을 보며 마사이 마라에 도착하니 아랫니가 하나 빠져 있고, 귀가

○ 석양에 알을 지키는 타조

뺑 뚫린 마사이족이 손수 만든 공예품을 들고 차로 몰려든다. 오색구슬로 만든 목걸이, 팔찌, 나무로 깎은 탈과 동물들의 목각이 대부분. 나는 롱구라는 나무의 옹이부문을 깎아 만든 망치처럼 생긴 물건을 3불을 주고 샀다.

TV프로그램 동물 왕국 촬영지로 세계 최대 야생보호지구 마사이 마라에서 아름다운 사파리게임 드라이브. 드라이브 중에 석양의 황홀함을 보는 것은 여행 계획에는 없는 덤이다. 긴 여정 속에서 보는 찬란한 태양의 아름다움. 해는 7시에 넘어갔다. 해가 넘어가고도 한참 동안 주황색으로 찬란하던 하늘이 점차 보라색으로 변한다. 보라색과 파랑색이 파스텔톤으로 섞이더니 보라색은 차츰 없어지고, 회색빛으로 변하는 모습을 보는 것은 여행 중 가장 큰 즐거움이다. 석양에 타조알을 지키고 서 있는 타조와 나뭇가지에 앉아 있는 독수리들의 모습도 쓸쓸하게 보인다. 해질 무렵 동물들은 잠잘 곳을 찾아서 서서히 움직인다.

마사이 마라 심바 롯지에 도착. 요한이 와인을 사서 만찬이 즐거웠지만, 새벽 사파리 때문에 일찍 자야 했다. 새벽 마라부스크라는 새가 새카맣게 나무에 매달려 있다. 마사이 마라 공원은 아프리카에서 가장 기후 변화가 적고, 풀밭이 끝없이 펼쳐있어

○ 광활한 땅에서 자유를 느끼는 임팔라

❍ 일행을 환영하는 마사이전사들의 노래와 춤

야생동물들에게는 어머니 품안처럼 편안한 안식처. 그래서 사파리를 즐기는 관광객이 새벽부터 모여들고 있다. 찬란하게 떠오르는 아침해를 보는 사파리. 광대한 땅에서 자유를 누리며 사는 동물들과 어울리면서 잠재된 야생의 소리에 귀 기울인다.

마사이족이 살고 있는 마을. 일행이 방문하자 마사이족들이 환영을 위해 노래를 부르며 춤을 춘다. 한 사람씩 앞으로 나와서 노래를 부르며 제자리에서 높이뛰기도 하고 줄을 맞춰 이동하는 등 격정적인 춤이다.

마사이족들은 곡류를 가까이 하지 않고, 소의 생피와 우유를 먹는 철저한 육식주의자. 목에서 피를 짜서 먹고 진흙으로 붙여 상처를 치유한다고 한다. 군살없이 탄탄한

❍ 불씨를 만들고 있는 마사이족

몸매와 강인한 눈빛은 트레이드마크처럼 느껴진다. 동물의 왕 사자를 맨손으로 때려잡기도 하고, 노예가 되어 전 세계로 팔려갈 때도 그들은 자결로 자존심을 지켰다고 한다. 그들은 신성함을 의미하는 붉은 색의 옷을 입는다. 붉은 색 체크무

● 마사이족과 한국문학인이 함께

늬로 된 커다란 천은 건조한 초원지대에서 유목생활을 하는데 필수품으로, 옷으로, 바람막이가 되고 때로는 침낭이 되기도 한다. 붉은 색 천은 멀리서도 잘 보여 자신의 위치를 알리기도 한다.

마사이족은 6~8가족이 한마을을 이루며 50명 정도가 둥그렇게 모여 산다. 가운데는 가시나무로 만든 울타리를 만들어 가축을 가두고, 그 주위에 따라 사각형의 집을 지어 가축을 야생동물로부터 보호한다. 집은 나무로 뼈대를 세우고 지붕을 갈대로 엮은 다음 벽은 소의 배설물과 짚을 혼합하여 만들어서 가장 튼튼한 건축물이다.

집들은 모두 여자들이 만들며 한 달이면 완성된다. 허리를 낮추고 집안으로 들어가니 너무 어두워서 아무것도 보이지 않는다. 잠시 후에 작은 환기구멍으로 들어오는 빛으로 둘러보니 움막이 있다. 부엌은 따로 없고 방이 두 개였는데 한방에서 가족이 모두 함께 지내고 다른 하나의 방은 할머니방이라고 하는데 표범가죽이 깔려 있다. 할머니가 그 집안에서 어떤 존재인가 알 수 있다.

마사이족의 남자로 산다는 것은 행운이자 고통이다. 남자

● 소의 배설물이 널려 있는 마당에 맨발로 혼자 노는 어린이

아이는 백 마리 정도의 양, 염소, 소 등을 이끌고 유목 생활을 한다. 하루에 6시간 정도의 초원을 걸으며 풀과 물을 먹인다. 언제 어디서 나타날지 모르는 야생동물의 습격으로부터 가축을 보호하기 위해 잠시도 한눈을 팔 수도 없다.

남자아이가 14~17세가 되면 마을 제사장이 신성한 날에 소년을 목욕시키고 할례를 받는다. 이 때 고통을 입 밖으로 나타내는 것은 마사이 전사의 수치이며 가족들에게 수모를 주는 일로 여긴다. 할례를 마친 아이의 머리는 부모가 깨끗이 밀어냄으로 성인식은 끝난다. 타조의 깃털이나 사자의 가죽으로 모자를 만들어 쓰고, 창과 방패로 용감하게 싸운다.

마사이의 여인으로 태어난 것은 남자보다 더 고통스러운 일. 어려서는 집안일을 하고, 19~20세가 되면 소 10마리 정도를 받고 시집을 가서 유목을 하는 남편을 기다린다. 일부다처제인 마사이의 풍습에 의하여 여러 명의 부인들이 일을 나누어 맡고 질투심을 나타낼 수 없는 인고의 세월을 보내야 한다.

마사이족은 불씨 만드는 것을 보여 준다. 어린이들은 소의 배설물이 널려 있는 마당을 맨발로 걸어다니며 혼자서 놀고 있다. 옆집으로 이동하니 관광상품이 진열되어 있다. 여러 색의 구슬로 만든 장신구, 나무로 깎은 부족을 나타내는 여러 모양의 탈, 팔찌, 룽구, 소프트 스톤, 나무로 조각한 동물 등의 상품을 팔고 있다.

다시 5시간을 달려 나이바샤 호수에 왔다. '아웃어

● 새들이 자유롭게 사는 나이바샤 호수

프 아프리카' 영화의 배경이
었던 호수. 호숫가에서 도시
락으로 점심을 먹고 차양도
없는 아주 조그마한 보트에
탔다. 파라솔로 마사이 마라
에서 구입한 빨간 체크무늬
의 천으로 가리개를 만들어
햇빛을 가렸다. 화이트 잉글렛이라는 조그마한 흰새가 많았고, 주둥이가 긴 페리카나
오, 목이 하얀 코르모란트라는 새, 눈을 크게 뜨고 조용히 유영하는 하마를 보면서 한
마리의 새가 되어 자유롭게 떠다니는 여유를 느낀다.

하룻밤 우리가 쉴 곳을 찾아가는데 운전사는 30분쯤 걸린다고 하였는데 2시간 걸려
서 산속으로 들어갔다. 골프장을 지나 산꼭대기에 예쁜 집이 나타났다. 수영장이 있고
예쁜 꽃들이 가득한 그림 같은 롯지였다. 저녁 식사도 다른 곳보다 더 품위있고 맛도
있다. 골프도 수영도 못하고, 밤하늘의 별들과 속삭이지는 못했지만 단잠을 자고 다음
날 8시에 나이로비로 향했다.

케냐의 국민성은 삽질하다가 퇴근 시간이 되면 삽을 꽂아놓고 갈 정도로 시키는 일
만 하고 의욕이 없단다. 국립박물관에 들러 케냐의 문화와 역사를 한눈에 볼 수 있었
다. 1930년에 개관. 진귀한 동물, 식물, 곤충, 어류, 나비, 표본들이 전시되었다. 현지
화가가 그린 마사이족의 그림을 80불을 주고 한 점 샀다. 다음에는 1985년 헐리우드에

서 제작한 '아웃 오프 아프리
카' 의 저자인 카렌이 살던 집
을 방문. 넓은 정원을 잘 가꾸
어 놓았다. 실내로 들어가니
카렌의 초상화와 카렌이 직접
그린 그림이 걸려 있고, 손수
쓰던 가구와 집기류와 남자친
구 데니스가 사냥하였다는 표

◐ 데이빗 엔 담부스키가 그린 마사이 women dancing dark night

○ 아웃 어프 아프리카 저자 카렌이 살던 집의 서재

범가죽도 있었다.

덴마크 여인 카렌이 아프리카에 와서 넓은 땅을 구입하여 커피농장을 시작하였으나 소금기가 있는 땅이었고 불이 나서 망한다. 남편과 이혼하고 젊은 남자친구 데니스와 결혼은 하지 않았지만 부부처럼 다정히 지냈다. 그러나 데니스는 경비행기 사고로 죽는다. 카렌은 아프리카에 와서 최선을 다해 열심히 살았다.

카렌콜리지를 세워 흑인들을 가르쳤으며 모하메트라는 하인을 공부시켜 케냐의 1호 변호사를 배출시키기도 하였다. 그러나 재산에는 차압이 들어오고 데니스는 죽고 맨손으로 고국으로 돌아가는 완전히 실패한 인생 같았다. 그러나 카렌은 아프리카에서 노력을 다하며 열심히 살았다. 그리고 그 삶을 솔직하고 성실하게 기록하여 명작을 남기게 되었다. 카렌의 모국 덴마크에서는 카렌의 집을 사서 케냐에 기증하였고, 지금은 문화 관광자원으로 쓰인다. 이 영화를 다시 한번 꼭 봐야겠다. 집을 떠난지 일 주일만에 처음으로 한국식당을 찾았다. 한식 불고기와 된장국과 김치로 한국의 맛을 보게 되어 반가웠다.

○ 케냐에서 유일한 한국식당

빅토리아 폭포와 쵸베 국립공원

❖ 고유의 악기로 연주하며 춤을 추는 현지인들과 필자

　요하네스버그 공항을 14시에 SA044기로 출발하여 15시 40분에 짐바브웨에 도착하였다. 아프리카 동남부에 자리잡은 내륙국. 위도상으로는 열대지역에 속하지만 국토의 대부분이 해빌 1,000미터 이상의 고원에 있어 아열대성기후로 우리 나라의 가을처럼 서늘하고 상쾌한 날씨였다. 계절은 3계절로 나누는데 관광하기에는 건기인 4월에서 8월이 가장 좋은 시기이다.

　한반도의 2배 정도 되는 땅에 약 1,000만의 인구 중 원주민이 약 98%, 백인이 약 1%, 혼혈인과 아시안인이 약 1%를 차지하고 있다. 수입원은 빅토리아 폭포의 관광에 의존하고 있는 듯하다. 직접 만들어온 토산품은 거리에서 즉석 흥정이 이루어지는데

가게보다 싸게 살 수
있다.

잠베지강에서 유
람선을 타고 정글을
배경으로 아름다운
아프리카의 일몰을
보는 시간. 30명쯤
타는 보트인데 우리
일행과 흑인 한 가족
이 같은 보트에 탔

⬆ 배 안에서 아이들과 함께 음료수를 마시며

다. 나는 여기서 일몰보다는 배에 함께 탔던 한 가족에게 눈길이 떨어지지 않았다. 넓
은 차양이 있는 모자를 쓴 가장을 중심으로 대여섯 명의 여자들이 빙 둘러앉아 있다.
여자들은 귀걸이와 목걸이로 성장하고, 고급스러운 양털 쉐타 등으로 세련된 차림을
하고 있다. 갓난아이에게 젖을 물린 아낙, 좀 더 큰아이를 안은 아낙, 조금 나이든 아
낙, 하나같이 조용히 앉아서 음료수를 마시며 일몰을 즐긴다. 옆 테이블에는 어린이들
만 일곱 여명 모여 있는데 까불거나 나대는 아이는 없고, 어른스럽게 앉아서 음료수를
마시며 조용조용 대화를 나누고 있다. 그 중에 나이가 든 소년은 어른들과 아이들 사이

를 오가며 비디오카메라로
계속 촬영을 하며 내가 그
아이들에게 가까이 가자 활
짝 웃으며 좋아한다. 나중
에 안 사실이지만 짐바브웨
인은 친밀하고, 밝고, 예의
바르단다. 큰 소리를 내는
사람, 잘난 척하는 사람을
매우 싫어한다고 한다. 서
로의 눈인사에도 친밀감을

⬆ 짐바브웨(돌로 쌓은 큰집이라는 뜻)를 상징하는 킹돔 호텔

○ 잠베지강 안의 섬에 사는 동물들

느낄 수 있는 곳이 바로 낙원이 아닐까?

킹돔 호텔에 여장을 풀었다. 짐바브웨의 어원은 토착어인 쇼나어로 돌로 쌓은 여러 개의 집, 또는 큰집이라는 뜻이라고 한다. 호텔 앞에 돌을 쌓아 장식을 하였고, 호텔은 으리으리하게 시설이 잘 되어 있었으며 종업원들은 국제적인 감각을 지닌 세련된 현지인들이었다.

저녁 식사는 다양한 민속춤을 즐기면서 먹는 바베큐 식당이다. 기본은 차려져 있으나 메뉴인 바베큐는 직접 가져다 먹어야 한다. 고기를 구워 놓은 것이 아니라 찾아가서 열 가지가 넘는 고기 가운데서 직접 선택하면 그 자리에서 구워 주기 때문에 줄을 서서 30분은 기다려야 한다. 그동안 기다리기도 어렵지만 더 어려운 게 있었으니 고기 종류를 선택하는 일이다. 칠면조, 악어, 말고기, 쇠고기, 닭고기 등 열 가지가 넘는 가운데 겨우 말할 수 있는 게 비프나 치킨이었으니 나머지는 손으로 가리키면서 구워 달라고 하였다. 오래기다리고,

○ 잠베지강가에서 휴식을 즐기고 있는 악어(배 안에서 찍음)

◔ 잠베지강가 코끼리 떼(뒤에 있는 나무들이 뽑혀 있다)

영어를 못해 쩔쩔 매며 가져오느라 맛을 즐길 여유도 없었다. 그러나 바베큐를 하는 식당에서 원주민의 민속춤이 있어서 다행스러웠다.

호텔로 돌아와 잠시 여행길 오락으로 달러를 짐바브웨 돈으로 바꾸어 카지노를 하였다. 그리고도 남은 돈이 있어서 그림엽서를 샀다.

다음날 보츠와나로 향했다. 국경을 넘는데 한 시간이나 걸렸다. 차바퀴와 신발에 소독을 해야 하므로 관광객은 모두 내려서 한 사람씩 소독약이 깔려 있는 발판에 신발을 닦고 지나야 하기 때문이다.

보츠와나는 아프리카 남부의 중앙에 있고 육지로 둘러싸여 있다. 남회귀선에 걸쳐 있지만 기온이 양극을 달린다. 낮에는 맑고 따뜻하지만 밤에는 혹독하게 춥다. 보츠와나는 비교적 개화된 정부가 있으며 의료, 교육, 경제 수준은 아프리카대륙에서 유일하게 남아프리카와

◔ 기린에게 잎을 내어주고 헐벗은 나무

♻ 1855년 빅토리아 폭포를 발견한 영국의 탐험가 리빙스턴 동상 앞에서

경쟁하고 있는 나라다.

잠베지강에서 보트를 타고 시원한 강바람을 맞으며 준비된 음료를 마시고 유람하며 2시간이 넘도록 코끼리, 악어, 하마, 워터벅 등을 구경하였다. 이웃나라인 나미비아에서는 동물을 보호하지 않아 동물들이 많이 모여든다. 점심은 전 미국대통령 부부가 들렀다는 식당. 백인이 하기 때문에 재미있게 식사를 하고 차량 드라이브를 하였다. 보츠와나의 멋진 동물보호구역인 쵸베 국립공원에는 코끼리, 치타, 사냥개, 표범, 하이에나, 기린, 하마, 얼룩말을 포함하여 놀랄만한 다양한 동물들이 서식하고 있다. 보츠와나의 대부분은 아카시아나 키 작은 나무들이 자라고 있다. 길이 없는 황량한 공원은 코끼리 떼의 등살로 나무들이 거의 넘어져 죽어가고 있어서 폐허처럼 보였다. 우기가 되면 다시 나무와 풀들이 우거져 생기를 되찾을지 모르지만 죽어가는 나무를 보는 마음은 오랫동안 무거웠다.

킹돔 호텔에서 하루를 더 쉬고 다음날은 빅토리아 폭포 관광에 나섰다 연간 500,000여 명의 관상객을 불러들인 대자연의 웅장함을 안고 있는 폭포! 차를 타고 5분쯤 가더니 빅토리아 폭포에 다 왔다고 내리란다. 그럴 줄 알았으면 새벽에 산책을 나왔어도 될 곳이었다. 빅토리아 폭포는 나이아가라, 이과수와 함께 세계 3대 폭포 중의 하나. 매분 30만 제곱미터라는 엄청난 물이 쏟아진다. 탐험가 리빙스턴이 1855년에 발견하여 영국 여왕의 이름을 따서 빅토리아라는 이름이 붙었다고 한다. 남미에서 보았던 이과수보다 웅장하지는 못하였지만 넓고 길었다.

천둥치는 흰 연기
-빅토리아 폭포에서-

잠베지강 한복판
짐바브웨와 잠비아 국경
수많은 골짜기에
천둥치는 소리 요란한데
흰 연기 피어오른다.

100미터 넘는
낭떠러지가 나타나도
유유히 흐르는 물줄기
한치의 주춤거림 없이
다시 솟구쳐 올라
물보라를 뿌린다.

용솟음치는
악마의 폭포에 홀려
발길을 돌리기 싫었지만
울부짖는 긴 폭포에
물기둥이 끝없이 쏟아져
폭포수도 흘러서 간다.

❍ 빅토리아 폭포의 일부

'울부짖는 안개'라는 뜻을 가진 빅토리아 폭포 위에는 몇 개의 섬이 있다. 죄를 씻었다는 악마의 폭포와 무지개, 메인, 동쪽, 안락의자, 말발굽의 이름을 가진 여섯 개의 폭포가 있다. 빅토리아 여섯 폭포에 사진 찍느라 제대로 감상도 못하고 천둥소리와 나무의 향을 맡으면서 정원 같은 길을 걸었다.

❍ 짐바브웨와 잠비아의 국경의 다리(예전에 폭포가 있었다)

자연 경관이 아름다운 케이프타운

◯ 케이프타운 해안도로 주택들과 필자

　케이프타운의 맑고, 상쾌한 공기, 푸른 바다에 다시 가보고 싶다. 남아공의 입법수도인 케이프타운(행정수도:푸레트리아, 사법수도:부름혼텐)은 유럽인들이 정년퇴임 이후 보내고 싶다는 살기 좋은 곳이다. 바다에서 우뚝 솟아오른 산 위가 테블처럼 편편한 테블마운틴이 도시 안에 턱 버티고 있는 것이 인상적이다.

　절벽을 깎아 만든 해안노보를 달리다보면 고급주택들이 가득하다. 바닷물이 철썩이는 바닷가부터 절벽꼭대기까지 흰색의 집이 많았고 집 모양은 모두 달랐다. 이 집들은 모두 백인들의 별장이라고 한다. 맑고 파란 바다, 푸른 하늘의 뭉게구름, 이름다운 꽃, 귀여운 동물, 해풍을 즐기는 키 작은 관목, 바다 연안의 노을 파도, 깨끗한 거리에 식당 같은 것은 하나도 없다. 우리 나라 같으면 식당들이 즐비하겠지만 자연을 오염시키지 않으려고 노력한 흔적이 여기저기 눈에 띈다. 케이프타운 시내에는 고층건물이 즐비하고 300년의 역사를 가진 성곽과 교회 등 역사적 건축물도 많다.

케이프타운에서 배를 타고 30분쯤 가면 로벤섬이 나온다. 로벤섬은 부시맨들

◆ 케이프타운에서 박종현 주간

이 물개를 잡고, 타조와 펭귄이 놀던 조그맣고 한적한 섬이다. 아프리카 대륙에서 노예로 팔려갈 흑인들을 수용하는 장소로 쓰였다가 인종차별에 반대하는 흑인 지도자들을 감금하는 감옥이 되었다.

특히 만델라 대통령이 인종차별에 맞서다 90년 석방될 때까지 27년의 수감 생활 중 17년 (64년부터 82년까지)을 독방에서 보냈던 감옥이 있어 더 유명한 곳이다. 만델라는 평온한 사회로의 이행을 부단히 추구하는 공로로 노벨 평화상을 수상하였고, 남아프리카 최초의 흑인 대통령에 당선되어 흑인 인종차별 정책시대를 마감시켰다.

이곳에서 가장 인상적인 것은 안내원들이 식민통치에 저항한 흑인 투사로 이곳에서 옥살이를 했던 사람들이라 했다. 절망의 로벤섬 감옥에서도 꺾일 수 없던 자유와 희망에 열정을 가지고 있었다고 힘주어 설명한다. 또 하나는 육중한 쇠창살 안에서 만델라가 변

◆ 로벤섬에서 테블마운틴을 배경으로

기로 사용했던 물통과 덮고 자던 두 장의 모포가 덩그렇게 놓여있는 독방의 스산한 분위기였다. 이 작은 방에서 17년이라는 긴 세월을 보내면서 얼마나 많은 생각을 하였을까? 1998년 미국 클린턴 대통령이 이곳을 방문했

○ 로벤섬의 감옥이었던 '자유의 기념관' 을 찾는 학생들

을 때 만델라가 안내하면서 긴장완화를 위한 최선의 방안은 미국이 강자로서 포용하는 것이라고 일침을 놓았다고 한다. 이 로벤섬이 지금은 '자유의 기념관' 으로 바뀌어 도마뱀, 타조, 키 작은 펭귄이 놀고 있고, 수많은 관광객이 이 자유의 기념관에 모여들고 있다. 자유와 희망을 갈망하던 역사의 현장을 둘러보며 숙연하였다.

남아프리카 꽃을 한눈에 볼 수 있는 국립식물연구소인 식물원. 170만 평에 9,000여 종의 희귀식물이 심어져 있는 이 식물원은 비탈과 언덕 등 자연을 그대로 살려서 만들었다. 자연을 훼손하지 않으려고 노력하고 있는 식물원에서 젊은 부부들은 아장아장

걷는 어린아이들에게 옷을 하나도 입히지 않고 잔디밭에서 마음대로 놀게 하고 잔디밭에 앉아서 대화를 하거나 책을 읽고 있다. 아프리카 여행에서 본 것이지만 유럽인들은 햇볕을 찾아나가고, 동양인들은 그늘을 찾아 들어간다. 식물원은

○ 로벤섬의 감옥을 나와서

◐ 케이프타운 식물원에서 한국문인이 함께

아프리카의 독특하고도 다채로운 꽃의 전시장과도 같았다. 우리 나라에서 보았던 극락조도 보였다.

　점심은 워터 프론트에 있는 100년의 전통을 자랑하는 레스토랑에서 포도주를 곁들여서 즐거운 식사를 하였다. 두 시간에 걸쳐 느긋하게 음식맛을 즐기면서 식사를 할 수 있음에 감사드렸다. 내가 처음으로 간 해외여행은 홍콩, 마카오 방면이었다. 성장한 두 아들과 남편, 네 식구가 근사한 식탁에서 함께 맛있는 음식을 나눈다는 것이 무엇보다도 즐거웠고 의미가 있어서 두고 두고 기억에 남아 있다.

　낭만과 아름다움이 깃든 케이프타운 해안을 지나서 희망봉을 향해 달린다. 케이프타운 시내에서 남쪽으로 70km 떨어진 희망봉은 1488년 포르투칼 항해사 바르톨로뮤 티아스가 발견하였으며 '폭풍의 곶' 이라고 불렸으나, 1497년 포르투칼 왕 루왕2세가 '희망의 곶' 으로 개칭하였다는 곳. 케이프타운에는 테블마운틴, 고원 밑의 해변, 희망

◐ 케이프타운 식물원에 피어 있는 알로에꽃

○ 희망봉에서

봉 등 볼거리들은 모두 가까운 곳에 모여 있지만 각 장소마다 독특한 볼거리를 제공한다. 희망봉 주위는 250여종의 새의 고향이고 1,200종의 식물이 서식하는 자연 생태계의 보고이다. '자연보호지구'로 지정되어 사람들의 손이 타지 않는 자연 그대로의 모습으로 햇빛을 받은 식물과 야생화가 지천이었다. 도마뱀, 뱀, 곤충 등의 작은 동물과 얼룩말 떼, 타조, 고래를 보기에 좋은 희망봉. 바다에는 다시마와 미역이 둥둥 떠 있다.

　자연을 훼손시키지 않는 것이 자연보호라는 것을 그들은 잘 알고 또 잘 지키고 있다. 세계에 이렇게 깨끗하고, 자연이 훼손되지 않은 곳이 또 어디 있을까?

　희망봉 정상은 바다 위로 2백 미터 이상 탑처럼 서 있는 절벽으로 회색 화강암으로 되어 있다. 흔히 이곳이 아프리카 최남단이라고 알고 있는데 최남단은 아굴라스 케이프고, 이곳은 아프리카 남서쪽의 끝이다. 케이프 포인트의 서쪽과 동쪽은 바다생물의 차이가 나는데 그 이유는 서쪽 대서양의 차가운 해류와 동쪽 인도양의 따뜻한 물의 온도 때문이란다. 바다의 색도 차이가 나는데 우스갯소리로

○ 희망봉 정상을 오르며

대서양은 치즈색, 인도양은
카레색이라고도 한단다.

○ 수천 마리 물개가 살고 있다

희망봉에 나온 낮달

1
아프리카 남서 끝자리
인도양, 대서양
두 바다가 합치면서
폭풍의 곶은 여기
새 뱃길을 찾으면서
희망의 곶은 여기

삼백여 년 밤낮없이
바다를 지켜온 등대
바로 그 자리
희망봉 정상에서
파란 하늘을 보는데…

2
아! 낮에 나온 반달
어렸을 때 보았던 낮달
지금은 낮달이다
다음은 온달이다

점점 둥그래
둥근달 되어
희망봉 비추리.
점점 환한
보름달 되어
온세상 비추리.

케이프 타운의 보울더 비치
해안. 약간 작아서 연미복이

○ 물개를 보러 가고오는 선착장에서 연주하며 노래하는 악사들

덜 어울리는 아프리칸 펭귄. 사람을 겁내지 않고 잘 놀고 있다. 수천 마리의 물개들이 섬을 뒤덮고 있는 관광도 즐거움이다.

게이프타운에서 빼놓을 수 없는 것이 테블마운틴을 케블카로 오르는 것인데 케

⬆ 테블마운틴 언덕에서

블카를 수리 중이어서 올라가 보지 못하고 그 서운함을 달랠 길 없었다. 그리하여 야경을 볼 수 있는 곳으로 향했다. 테블마운틴에는 엷은 구름이 항상 깔려 있다. 좌측 악마의 봉우리에는 해적선장과 악마가 담배 피우는 시합을 하여 지금도 담배 연기가 사라지지 않는다는 전설만큼 구름이 항상 드리워져 있다. 가이드는 40대 후반의 지성미가 있는 남자였는데 여행 왔다가 홀려서 3개월 만에 서울 논현동 집을 정리하고 이곳에

와서 지금은 풀장과 테니스장을 갖춘 저택에서 스포츠 레져를 하며 살고 있단다. 중국식당은 여러 곳을 보았고 두 군데서 저녁 식사를 했지만, 오랜만에 한국식당에서 점심을 하는데 어학연수와 공부를 하러온 우리 나라 대학생들이 삼삼오오 짝을 지어 한국식당에 들어오고 있어 반가웠다. 남아공에는 한국 교포가 3,000여 명, 케이프타운에 300여 명이 살고 있어서 한국인의 위상이 높아지길 기대하였다. '희망봉을 찾는 것은 쉬운 일이 아니니 족보에 올려야 한다' 는 가이드 말처럼 다시 찾을 수 있을런지. 잘 있어라, 케이프타운 희망봉이여!

⬆ 결혼 1년도 안된 부부가 차린 한국식당

후트레거 기념관과 골드리프시티

⊙ 남아공 푸레토리아 광장에서 한국문학인이 함께

요하네스버그 공항에 도착하여 대기한 전용차량을 타고 30분 이상 달려 푸레토리아 넓은 광장에 도착하였다. 마침 일요일 아침이어서 거리는 한산하고 조용하였다.

높은 곳에 위치한 도시라서 공기는 맑고 상쾌하였다. 공용어에는 영어와 화란어인데 공문작성은 11개의 언어, 뉴스는 5개의 언어로 보도한다니 다국적 나라임을 잘 보여주고 있다.

남아공은 기독교가 국교이지만 힌두교, 이슬람교, 토속종교도 다양하여, 흑인들은 변형된 종교로 자기들 스스로 뽑은 사람의 설교를 듣기도 한다. 한국 대사관과 북한 대사관이 있으며 전자제품과 자동차는 우리 나라에서 수입하고, 구리와 철광 등의 원자

재는 우리 나라에 수출하고 있다. 이민들의 사업으로는 흑인들이 좋아하는 신발업과 사진사업으로 돈을 벌었었으나 유망사업은 없고 자동차가 발전 가능성이 있다고 한다. 가로수가

⊙ 대통령 집무실이 있는 유니온 빌딩 앞에서 박종현 주간

필 때는 우리 나라의 벚꽃이 피는 것처럼 장관을 이룬다고 한다. 1910년에 독립선언문을 낭독했던 처치 스퀘어 거리와 대통령의 집무실이 있는 유니온 빌딩을 둘러보았다.

백인 이민자들의 역사 (1836년부터 10여 년에 걸친 화란인들의 이동과정과 줄루족과 전쟁하던 장면)가 담긴 후트레커 '이민사 전쟁기념관' 을 찾았다. 이 기념관은 시내에서 떨어진 높은 언덕에 서 있었다. 기념관 앞에 어린 남매를 데리고 서 있는 여인의 동상이 인상적이다. 화란인들은 줄루족과의 전쟁시 여인들의 격려에 힘을 얻어 전쟁을 승리로 이끌었다. 또 실제로 싸움을 할 때 여자들이 나서서 총알을 장전해 준 공로와 남자들이 전쟁에만 정신을 쏟을 때 가정을 잘 지켜준 것을 기리기 위해서 여자와 어린이의 동상을 세웠다고 한다. 건물 내부에는 이민의 역사를 26개의 거대한 대리석 석판에 부조

⊙ 어린 남매를 데리고 서 있는 여인상

로 새겨서 벽면을 구성하였다. 12월 16일에 완공하였는데 매년 이날 정오에 '남아공을 위하여' 라는 실내의 푯말에 햇빛이 직접 비추게 설계된 과학적인 건축물이었다. 위에서 내려다보니 바닥의 대리석에 화살표의 무늬가 있었는데 이 무늬는 남아공이 방방곡곡으로 퍼져 나가라는 뜻이라고 설명하여 준다. 백인들의 승리가 있는 곳에 수많은 흑인들의 패배자가 있었음을 생각하니 마음은 무거웠다.

요하네스버그에서 자동차로 40분 거리에 있는 골드리프시티를 찾았다. 만델라 대통령도 젊은 시절 한때 야간 경비원으로 근무한 적이 있는 이 도시는 금광촌의 역사를

한눈에 볼 수 있었다. 광장 정문에서는 전통복장을 한 청소부 아줌마의 웃음도 반가워 함께 서서 사진을 찍는다. 줄루족 춤과 노래가 관광객을 즐겁게 하고, 노래와 춤을 돕는 악사들이 함께 있어 줄루족의 어둠과 밝음을 함께 느낄 수

⬆ 전통의상을 입은 청소부 아줌마와 필자(중앙)와 전인숙 시인

○ 줄루족의 춤과 노래

있었다.

골드리프시티에서는 금을 찾는 갱도를 돌아보며 용암이 흘러나오지나 않을까 걱정이 되는 지하 3천 3백 미터의 길고 어두운 지하 갱도에서 광석에 매미처럼 붙어 수작업으로 금을 캐고 있는 흑인들의 모습이 지금도 내 마음에 남아 있다. 금괴를 만드는 과정과 금을 캐낼 당시의 흥청대던 선술집과 노동자 숙소 등을 보존하여 관광자원으로 잘 활용하고 있다.

귀국하는 비행기를 타려고 요하네스버그 국제공항으로 오는 길에 흑인 판자촌을 보았다. 화장실도 없이 다닥다닥 붙어있는 판잣집. 화려함의 이면에는 이렇게 어두운 곳도 있구나 싶어 마음이 착잡하였다. 만델라의 '화합의 정치', 투투 주교의 '진실과 화해' 노력에도 불구하고 억압과 저항의 골 깊은 상처는 아프리카 곳곳에 남아 있었다.

○ 쇼핑 센타의 관광상품

41

흑인들이 정치력 획득에는 성공했지만 경제력은 여전히 백인들의 지배 아래 있기 때문이리라.

↥ 쇼핑 센타의 관광상품

여행이 끝날 때쯤은 아쉬움이 많았다. 요하네스버그에서 가이드가 안내해 준 쇼핑 센터는 물건이 다양할 뿐만 아니라 값도 매우 저렴하였다. 예쁜 색상과 모양이 다양한 돌로 만든 열쇠고리 등 다양하였다. 사랑하는 손녀 서연이의 선물도 이곳에서 샀다.

아프리카 여행은 잃어버렸던 나 자신을 찾아서 자연과 함께 숨쉬어 보는 좋은 기회였다. 여행에서 가장 남는 것은 누가 뭐래도 만나는 사람이다. 자연과의 만남도 좋았지만 사람과의 만남은 더 힘이 있고 역동적이다.

앞으로의 여행은 현지의 사람들을 만나고 그들의 살아가는 과정을 체험하는 기회를 갖고 싶다. 13일 동안 함께 여행한 열여섯 분 일행과의 만남은 소중하였고 서로에게서 배울 점도 많았다. 여든 두 살의 연세에도 젊은 우리보다 앞장서서 멋있게 여행을 즐기시는 밀양의 유종관 시인을 오래도록 생각할 것이다. 재작년 남아메리카 여행도 함께 하여 올해도 좋은 여행을 함께 할 수 있도록 건강을 빈다.

↥ 원주민과 마차

캄보디아 톤레삽 호수

⬆ 프놈펜의 메콩강에서 필자

인천공항에서 베트남 비행기를 타고 호치민을 향해 날아갔다. 이번 캄보디아, 베트남 여행은 아는 분들과 함께 가는 여행이 아니라 새로운 분들과 가는 여행이었다. 그러나 여행팀에는 세 부부가 같은 고등학교 선생님이었고 우리와 다정히 지낼 수 있어서 다행이었다. 호치민 부근 탄손누트 공항에 내려 입국 수속과 비자를 받아 캄보디아를 가는 비행기를 타야 한다.

가이드의 설명을 들으며 하는 일이라 어려움은 없었지만 황갈색 제복을 입은 공항 직원들의 표정은 딱딱하였다. 발급료는 20달러.

캄보디아로 가는 비행기에서 바라본 베트남은 오밀조밀한 산악지형이었지만 캄보디아는 시커먼 검정색이어서 두 나라의 차이가 금방 난다.

프놈펜 거리를 버스로 달리면서 보는 풍경은 오토바이들의 행렬이다. 혼자 탄 오토바이

베를 짜는 캄보디아 여인 ⬅

는 거의 없고, 남녀 아
니면 아이까지 태운
가족들의 모습이었다.
여자들은 뒤에 타면서
다리를 모으고 걸터앉
은 모습이 예뻐 보였
다.

프놈펜에서 한국
인이 하는 식당에서
저녁을 들고 호텔에

○ 프놈펜에 있는 코메르 왕궁

서 여정을 풀었다. 이번 여행은 일 년에 두 번씩 만나는 일신회 모임이 속리산에서 있
었는데, 부산에서 사업을 하는 K사장이 해외여행비를 선뜻 내주었기 때문에 감사한
마음으로 출발할 수 있었다. 회원과 함께 여행을 하려고 했지만 각각 일정이 달라 우
리가 먼저 떠나게 되었다.

캄보디아는 인도차이나반도 남동부
캄보디아 평원을 차지하며 메콩강이 중
앙을 관류하는 평원국가이다. 지형은 남
쪽을 제외한 3방향이 산지로 둘러싸여
있고, 산지의 중앙에는 넓은 평원이 전
개되어 있어 마치 얕은 대접 모양의 지
형을 이룬다.

주위의 산지는 가장 높은 남서부의
카르다몸(크라반)산맥도 해발 고도
1,000~1,500m에 불과하다. 이들 산지
는 중앙부를 향하여 완만하게 경사져 있
으며, 서부에서 가장 움푹 패인 부분이

왕궁 옆 사원에서 박종현 주간 ○

톤레삽('큰 호수' 라는 뜻)이다.

○ 사원 안에서

중앙의 캄보디아 평원은 처음에는 해저지역이었으나 충적작용에 의해 평야로 바뀌었고, 해발고도 20m부터 수백m에 이르는 작은 구릉이 산재하여 단조로운 평야의 경관을 깨뜨린다.

캄보디아인(크메르족)이 전 인구의 80%를 차지하며 공용어인 캄보디아어를 사용한다. 캄보디아의 국교는 불교이며 인구의 90%가 소승불교를 신봉하고 있으며 각지에 흩어져 있는 사원은 예배, 교육 및 사회활동 장소이다. 이밖에 이슬람교, 고산족 종교(원시종교, 샤머니즘), 유교 및 도교(화교), 천주교, 개신교 교회도 있다. 캄보디아가 과거 프랑스의 식민지였다고 하나, 프랑스어는 장년층에서나 통용이 가능하며, 관공서, 호텔, 식당, 관광 가이드들은 영어를 유창하게 구사하고 있다.

캄보디아 여자들은 '사롱' 이라는 큰 천으로 된 것을 평상시 집에서 입고 머리에는 '끄로마' 라는 천을 두르며, 남자들은 '사롱솟' 이라는 옷을 입는다.

결혼식 및 잔치는 주로 건기인 12월~5월 사이에 거행되며, 전통 혼례사가 대부분이지만 가끔 서양식 결혼 장면도 볼 수 있다.

캄보디아인은 겉으로는 친절하지만 역사적으로 타민족에 대한 배타심이 강하고, 급변하는 성미가 있어 현지인을 비하하거나 구박하는 행

○ 오토바이 행렬

○ 폴 포트 때 핍박 받은 모습을 전시하고 있는 감옥

동을 하면 폭행이나 총격을 당할 위험이 있다.

사원 옆에 있는 민속적인 곳도 찾아가 보고 메콩강 언덕에서 시원한 바람을 맞기도 한다. 우리 나라는 겨울이었지만 캄보디아는 열대지방이라 날씨는 꽤 더웠다.

폴 포트 정권시절에 많은 사람을 가두었던 감옥을 찾아 어두웠던 시절의 모습을 보

○ 킬링 필드에 희생된 사람들의 혼령의 탑

○ 유골이 탑 안에 안치되어 있다

기도 하고, 긴 시간 시골길을 달려 그 시절에 학살당한 사람들의 유골을 안치한 혼령의 탑을 찾아 참배를 드리기도 했다. 같은 민족이지만 다른 이념 때

◑ 톤레삽 호수 위의 집

문에 이런 일이 일어난 것은 너무나 슬픈 일이다.

코메르족은 같은 민족끼리 싸우면서 세계적으로 '킬링 필드'라는 악명을 들으면서 엄청난 희생을 치루었다.

톤레삽 호수는 캄보디아인에게는 무척이나 중요한 역할을 한다.

다시 동양 최대의 호수인 톤레삽 호수를 찾아 달려간다. 이 호수는 캄보디아 전 면적의 15%를 차지하면서 다양한 식물 및 어류(850가지의 어종)로 캄보디아인에게 60%이상의 단백질을 제공한다고 한다. 우기가 되면 건기 때보다 최대 10배까지 넓어져 농업에 종사하던 사람들도 어업으로 전환하여 생계를 유지한다.

집을 물 위에 띄우고 사는 사람들, 그 곳에서 배를 타고 학교에도 가고(학교도 배 안에 있지만), 물품도 배가 다니며 팔고 사기도 한다.

◐ 학교도 호수 위의 배 안에 있다

보트를 타고 작은 수로를 지나 큰 호수 톤레삽으로 들어서니 호수는 망망대해처럼 넓고 크게 보인다. 맑고 푸른 호수 위에서

보트의 엔진을 끈 채 앉아 있으니 둥둥 떠있는 기분이다.

잠시나마 평온을 찾은 시간.

호수 안에서 넘어가는 해를 보기 위해서 보트는 조금씩 움직이며 좋은 자리를 잡아가고 있다.

배 안에서 이리저리 옮겨다니는 어린이와 사진도 찍고, 음료수를 파는 음식점에서는 뱀을 온몸에 두르고 있는 소녀를 본다. 그런 소녀의 모습이 안타깝기만 하였다. 호숫가에 차가 다니는 좁은 길에도 수많은 집들이 줄줄이 이어있다.

❶ 톤레삽 호수 주변의 집들

❷ 톤레삽 호수 보트에서 소년과 함께

집은 밖에서 다 보이도록 해놓고 살고 있으니 오랜 세월 가난하게 사는 그들의 생활이 안타깝다. 그러나 호숫가 좁은 공간에서 고무줄 놀이를 하며 뛰노는 어린이들의 모습을 본다.

버스가 멈추기만 하면 어린이들이 손을 내밀고 모여든다. 꼭 돈을 받기를 원하기보다는 그냥 매번 하는 놀이 같았다.

버스가 떠나면 흙먼지를 둘러쓰면서 버스를 따라 한참을 달려 따라온다. 어린이들의 달리는 모습이 지금도 훤히 보인다.

❶ 뱀을 두르고 있는 소녀

캄보디아 앙코르 와트

⬆ 멀리서 본 앙코르 와트

세계 7대 불가사의로 동양 최대의 신비로 꼽히는 앙코르 유적은, 오래도록 밀림 속에 묻혀 있었다.

그러나 1861년 표본 채집을 위해 캄보디아 정글에 들른 프랑스 박물학자 앙리 무드에게 발견되어, 오랜 세월 밀림 속에서 길고 긴 잠을 자다 세상에 알려지게 되었다.

프놈펜에서 비행기를 타고 씨엠립 공항에 내려 전용차를 타고 톤레삽 호수를 돌아보고 다음날, 신비로운 앙코르를 찾았다.

바이욘 사원 중앙탑의 부처상 ➡

○ 앙코르 톰 남문 양쪽에 있는 선상과 악마상

　30여 개에 이르는 앙코르 유적 중 복원이 되어 관광할 수 있는 곳은 10여 곳이란다. 앙코르 톰(큰 도읍)은 고대 크메르 왕조의 마지막 도성으로 힌두교, 불교 유적이 혼재돼 있다.

　앙코르 톰 남문 양쪽에 세워진 54개의 선상과 악마상. 줄줄이 붙어 있는 조각의 형상이 다채롭고 특이하여 감탄이 절로 나온다.

　회색수성암을 벽돌모양의 직사각형으로 잘라 세운 석조건물들은 웅장하다. 앙코르 톰에서는 바이욘 사원, 코끼리 사원, 바푸온 사원 등 석조건물이 계속 이어진다.

○ 앙코르 톰 벽면의 조각품들 앞에서 필자

○ 앙코르 톰의 폐허된 건물에서 손을 내민 소년 소녀들

   한국인이 하는 장원식당에서 점심을 들고 관광객이 써놓은 흑판을 보니 여러 관광객들이 이름과 사연을 적어놓았다. '먼저 왔다 간다. 빨리 와서 웅장하고 신비한 앙코르 유적을 보기를!' 재미있게 쓴 글도 많았다.

   앙코르 와트(왕이 있는 도읍의 사원)는 유네스코가 명한 세계문화유산의 하나다.
   앙코르 와트는 우주의 축소판으로 지상에 있는 우주의 모형을 상징한다. 중앙의 탑은 우주의 중심인 메루산을 상징하고 5개의 탑은 우주의 5개의 큰 봉우리를 상징한단다. 사각형의 땅을 둘러싼 성벽은 세상 끝을 에워싸고 있는 산맥을 뜻한다고 한다.

○ 앙코르 톰의 나무들과 석조건물

🔾 석조 건물 위로 뻗어 올라간 앙코르 톰의 나무

앙코르 와트 안으로 들어가니 회랑에 부조되어 있는 조각품들의 정교함이 현란하다. 1층은 미술계, 2층은 인간계, 3층은 천상계를 상징한다고 한다.

끝없이 펼쳐진 회랑의 돌기둥. 회랑을 가득 채운 벽화. 앙코르 와트는 크메르 민족의 자랑으로 캄보디아 국기에는 앙코르 와트 정면이 그려져 있다.

여러 전쟁으로 국기가 바뀌어도 앙코르 와트 유적 그림은 어느 정권에서도 빠진 적이 없단다. 크메르 건축과 미술의 극치를 보여 주는 정교한 예술품. 여인의 출산하는 모습, 전쟁 장면, 잔치하는 모습, 조각의 우수함도 높이 사고 있다. 꼼꼼하게 돌아다보려면 한 달이 걸리고 스치듯 보아도 3~4일이 걸린다고 한다.

앙코르 와트 창시자는 자야바르만 2세라고 한다.

유배생활을 하던 자바(인도네시아)에서 귀국한 다음, 국내 세력을 평정하고 자신을

🔾 벽면의 코끼리상 앞에서 박종현 주간

○ 앙코르 와트 조각

우주의 지배자로 자처하고 또한 데바라자(왕이 곧 신, 신왕수사)를 기초로 한 종교를 설립하였다.

　왕들은 전쟁을 피해 몇 차례 수도를 옮기면서 독특한 우주관에 따른 왕궁과 사원을 건축하였다. 초기에는 힌두사원을 세웠으나 12세기에는 자야바르만 7세가 불교에 심취, 바이욘 사원과 같은 사원을 건축하였다.

　앙코르 와트는 동서로 약1.5Km, 남

○ 앙코르 와트 조각

○ 앙코르 와트 여인상

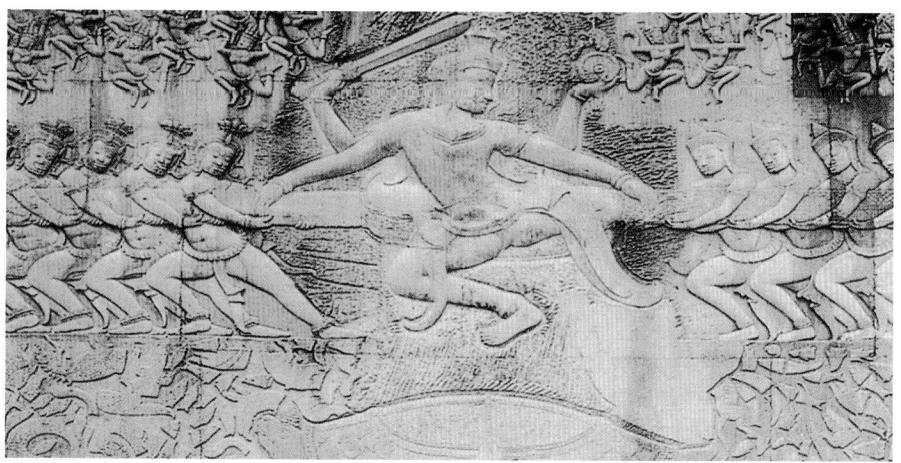

⬆ 앙코르 와트 조각품

북으로 약1.3Km의 거대한 사원이다. 주위는
폭 190m, 길이 5.5Km 물길로 쌓여 있다.

⬇ 앙코르 와트 조각품

앙코르 와트!
　프랑스 복원팀이 몇십 년에 걸쳐 복원 공
사를 하고 있지만 언제 끝날지 모른다.
　프랑스 복원팀들은 앙코르 와트를 코메르
예술의 극치로 보석에 비유하고 있단다.

경사가 80도에 이르는 가파른 계단의
철난간을 잡고 3층 옥상에 올랐다. 앙코
르 와트 옥상에서는 축복을 받는 곳이라
서 사방을 둘러보아도 모두 아름답다.
　앙코르 와트여! 언젠가 다시 한번!

⬆ 앙코르 와트 3층 옥상에서

베트남 전쟁과 호치민

⬆ 구찌터널로 가기 전 병사로 꾸민 마네킹 옆에서 (왼쪽 필자)

호치민시에 도착하여 놀라운 것은 오토바이의 물결이다. 자동차는 거의 찾아보기 힘들었다. 매연 때문에 커다란 마스크와 수건으로 입을 막고 오토바이를 타고 다니는 사람들. 변두리에서는 아오자이('아오'는 '옷' 또는 '저고리', '자이'는 '길다' 라는 의미)를 펄럭이며 자전거를 타고 다니는 여고생들이 퍽 인상적이다.

베트남 전쟁과 국군 파병. 검은 정글에서, 더위와 습기 속에서 두터운 방탄조끼를 입고 참호 안에서 심야매복을 한 국군. 날아드는 총탄 속에서 베트콩을 찾아 전진한 국군. 참담한 심정으로 구찌 지하땅굴부터 여행이 시작된다.

베트남과 우리 나라가 인연을 맺은 것은 고려 고종 때.

오토바이 행렬 ⬇

베트남의 리 왕조가 트란 왕조에게 권력을 빼앗기자 마지막 왕자 이용상이 배를 타고 황해도 옹진으로 피난을 왔다. 지금은 화산이씨(花山李氏)로 개명하고 현재 이백 세대가 살고

❍ 구찌터널 안내소 · 호치민 사진 밑에 전쟁시의 비디오가 있다.

있다.

구찌터널은 베트남인의 저항정신의 상징이고 토목기술의 걸작으로 불린다.

이 터널은 적이 구조를 모르고 추적할 경우 함정에 빠지게 과학적으로 설계되어 있다. 터널 안에는 회의실, 부엌, 병원, 화장실, 지하수 등의 시설이 갖추어졌다. 최대 수용인원은 약 15,000명으로 지하세계가 구축되어 있다.

땅굴을 파는데 사용된 도구는 호미와 바구니 뿐이며 파낸 흙은 노인들이나 어린이들에 의해 땅에 얇게 뿌려지거나 강물에 풀어 흔적을 없앴다. 구찌터널은 베트남 통일의 요새지만 지금은 관광자원이 되고 있다. 덩치가 큰 장병은 구찌터널에 들어가기도

힘들고 다니기도 힘들다. 구찌터널을 쪼그리고 앉아서 걸어가다 카메라를 잃었다. 어둠의 좁은 굴속을 손으로 더듬어도 찾을 길이 없었는데 뒤에 오던 분의 손에 닿아 카메라를 찾을 수 있어 다행이었다.

❍ 가로 50cm 세로 30cm 로 '금세기 최후의 불가사의' 로 불리는 구찌터널 입구

　여인들의 상징인 모자를 농라('농' 은 '모자' 라 는 '나뭇잎' 을 의미)로 불리는데 비가 올 때는 우산으로, 햇빛이 내릴 때는 양산으로, 더울 때는 부채로 사용된다.

　베트남은 국토가 남북으로 양단된 점에서 우리와 비슷하였다. 1960년 베트콩이 결성되고 1962년부터는 전쟁이 본격화되었다. 1965년 2월 미국이 월맹에 폭격을 하자 전쟁이 확대되었다.

　한국정부는 1964년 9월, 이동외과병원 장병 130명과 태권도 교관단 10명을 처음으로 자유 베트남에 파견하였다. 1965년 1월 8일 비전투원 2,000명의 파견은 미국정부의 요청에 의한 것으로 '비둘기부대' 였다.

　한국정부는 1965년 7월 2일 '6.25전쟁 당시 우방의 파병에 보답한다' 는 명분으로 파병을 결정하고 육군 2개 연대 규모의 '청룡부대' 를 편성, 베트남 나트랑에 상륙하고 주둔하게 된다.

　'맹호부대' 는 10월 22일 환송식을 갖고 11월 20일 퀴논에 도착하였고 사령부도 설치되었다. 1966년 2월 22일 험프리 미국 부통령 방한과 함께 1개 연대와 1개 사단, 지원부대 증파를 요청받게 된다.

　4월 16일 '혜산진부대' 가 퀴논에

❂ 메콩강 섬에서 안내원과 함께(왼쪽 박종현 주간)

상륙하여 맹호부대와 합류, 1개 전투사단을 편성. '백마부대'는 그해 8월 15일 나트랑에 상륙하여 미국 다음 가는 파병국이 되었다.

1971년 11월 6일 한국과 베트남 정부는 공동성명을 통해 1971년 12월부터 한국군을 단계적으로 철수시킨다고 밝히고 12월 9일 청룡부대를 필두로 철수가 시작되었다.

1973년 1월 24일 베트남 휴전협정조인으로 제2차 철수 발표. 1973년 1월 말부터 3월 말까지 2개월 사이 한국군 철수가 완료되었다.

1964년 통킹만에서 시작된 전쟁은 1975년 4월 30일 미 해병대가 헬리콥터를 타고 사이공 미국대사관을 떠나면서 막을 내렸다.

호치민은 인내와 열정으로 베트남 인민들을 독려하였다.

유학자의 집안에서 태어나 21세 때 프랑스로 건너가 정원사, 청소부, 하인, 사진 수정사 등 허드렛일을 하면서도 베트남 독립을 위한 열정을 키웠다.

그 때 사회주의에 심취, 모스코바 코민테른 요원으로 활동하기도 했다. 1945년 호

◑ 메콩강 크루즈(양쪽으로 정글을 바라보면서 황토빛이 나는 메콩강의 웅대한 흐름 속으로 들어간다.)

⊙ 상가 앞의 오토바이

치민은 "공산주의는 민족주의 목적에 이르기 위한 수단"이라고 말했다.

호치민은 특히 프랑스와 미국을 상대로 전쟁을 하면서 중국과 소련으로부터 끊임없이 지원을 받아내는 힘겨운 노력을 계속하였다. 호치민은 1965년 중국의 마오쩌둥으로부터 "미국과 100여년간 전쟁을 계속해도 지원하겠다"는 약속을 받아내기도 했다.

호치민은 베트남 민족해방 최고 지도자로, 베트남 공산당 창건자로, 제국주의에 대항하는 제3세계 대표적 영웅이 되었다. 베트남 국민 사이에는 소박하고 인자한 '호 아저씨'로 통한다. 호치민의 낙천성을 보여 주는 시 '농담'을 본다. 1942년 중국 공산당의 지원을 얻으려고 중국에 갔다가 체포돼 옥중에서 쓴 시다.

"나라에서 먹여 주고 재워 주고 / 병사들 무리가 호위까지 해 주네 / 원하는 대로 시

⊙ 베트남의 상가

골을 산책하니 / 관광객 행세는 정말 재미있어라!"

　호치민은 열렬한 민족주의자. 자유와 평등을 열망한 공산주의자. 복잡한 국제 역학을 이해하고 행동한 냉철한 현실주의자로 '절반은 레닌, 절반은 간디' 라고 말할 수 있다. 사이공은 전쟁이 끝난 후 호치민을 기리기 위해 도시 이름이 호치민으로 바꾸어졌다.

　지금은 베트남 사회주의 공화국. 오고 가며 가깝게 지내고 있다. 전쟁을 치른 입장에서 오래도록 기억해야 할 일이다. 식민지 경험과 독립투쟁, 해방과 분단의 역사를 갖고 있는 베트남. 우리 나라 우리 민족도 각오와 다짐을 할 일이다.

◑ 노틀담 성당 앞에서(호치민시의 프랑스건물 중 가장 아름다운 건물)

◑ 메콩강 섬 · 망고의 풍부한 열대과일의 산지를 걸으며

신비를 빚어내는 이과수폭포

❶ 세계 최대의 수력발전소 이타이푸댐을 관광하는 한국 문인

2001년 8월 10일 4시 50분! 인천국제공항을 출발하여 브라질 상파울로 공항에 도착한 것은 25시간 후였다. LA에서 한 시간 경유시간을 빼면 꼬박 24시간을 비행기를 탔다. 2년이 지난 지금 생각해보아도 그렇게 오랜 시간 비행기를 탔다는 것이 대견스럽다. 상파울로에 도착해서도 시계바늘을 고치시 않아노 뇐다는 사실이 신기하였다.

우리 나라와 꼭 12시간의 시차가 나는 나라 브라질. 1억 7천만명의 인구를 갖고 있고 세계에서 다섯 번째로 큰 나라이다.

콜롬버스 탐험 이후 유럽인들의 점령이 없었을

상파울로 벽에 쓰인 낙서 ❷

⬆ 해운대 식당 앞에서(필자)

때는 몽골계통의 인디오가 살았지만, 이주해 온 백인과 원주민과 결혼으로 혼혈아 '모레나'가 70%가 되어 새로운 문화가 만들어지고 있다. 건물들의 벽에는 낙서들이 가득하였고 글씨나 그림도 페인트로 마구 칠해 놓아 산만하였다. 한국인이 많이 사는 아크리마더 거리에는 한국교민이 운영하는 '해운대' 식당이 있어 점심 식사를 하였다. 불고기, 된장찌게, 상추쌈의 한국 음식은 우리 일행들이 탄성을 지르며 허겁지겁 정신없이 밥을 먹게 했다. 그것은 비행기 안에서 4번이나 식사을 했기 때문이다. 식사 후에 상파울로 시내를 돌면서 관광하였다. 타망드와이테이가 부근 이피랑카공원. 1822년 브라질 독립운동이 일어난 독립기념관. 귀족과 인디오의 유품이 많은 파울리스트 박물관. 브라질 오지를 개발하여 개척자들을 위해 세운 반디라스 기념상. 상파울로 역사와 문화를 볼 수 있는 관광은 인상적이었다.

브라질 인구의 7%인 1,100만이 사는 남미의 최대 상업도시 상파울로. 여장은 힐튼호텔. 다음날, 상파울로 성당은 힐튼호텔 도로 건너편에 있어서 참례하였고 사진도 몇 장 찍을 수 있었다.

커피와 축구와 삼바의 브라질 관광은 끝없이 달려야 한다. 백인과 인디오 사이에서 탄생한 혼혈아 '모레나' 나라 브라질. 시내관광 후 다시 비행기를 타고 이과수로 날아갔다. 관심의 대상이었던 이과수폭포를 찾기 전 새 공원을 찾아갔다.

새 공원 입구에서는 '붉은 머리 앵무새'가 반겨 주었지만, 안에서도 '흰가슴큰부리새' '노란 가슴큰부리새' 등 수많은 새들을 보고 놀랐었다. 큰부리새는 60종 이상 살고 있다고 한다. 새 공

⬆ 어린이들과 만나서 웃고 있다

○ 새가 손에 앉아 있다

원에서는 몇 사람이 들어가면 문이 닫히고, 그 사람들이 지나면 문이 열린다.

　새들이 놀라지 않도록 배려하고 있다.

　다음에 찾아간 곳은 세계 최대의 수력발전소인 이타이푸댐. 브라질과 파라과이 두 나라의 협력 사업이지만 세계은행 차관으로 17년간의 공사 끝에 준공되었다.

　댐의 길이 8Km. 댐의 높이 185m. 저수면적 1,300평방미터. 저수량 2,000억 입방미터. 이런 훌륭한 사업도 생태계 변화를 이유로 계획과 착공시 파라과이 국민은 반대했었다. 그러나 지금은 훌륭한 댐이라고 자랑하고 있다.

　이과수는 물을 뜻한 '이구' 와 엄청나다를 뜻한 '야수' 가 합한 원주민의 말에 유래된 이름이다. 이과수는 3,300킬로나 되는 파라나강과 그 지류인 이과수강이 브라질, 아르헨티나, 파라과이 세 나라의 경계를 그으면서 광활한 정글과 늪지대를 펼치고 온갖 과일과 식량 생산 등 많은 일을 하고 있다. 이과수는 30만을 웃도는 도시이기도 하고, 도시 둘레의 강과 폭포, 정글을 통털어 말하기도 한다.

　콘티넨털호텔 안에서 산책을 하다가 하늘을 보니 눈썹 같은 달이 분명 초저녁이니 초승달인데 달 모양은 우리 나라와 반대인 것이 신기하였다.

이과수 폭포에서

에메랄드빛 녹색물
검은 대륙을 유유히 흐르는 물줄기
한치의 주춤거림도 없이
100미터의 낭떠러지에서
반짝이는 보석이 되어
쏟아진다. 또 쏟아진다.

○ 새의 공원에서

○ 이과수폭포 · 보트를 타고 낭떠러지로 가고 있다

아! 아!
탄성을 지르며 올라가면
더 넓고 찬란한 폭포
나타나고 또 나타나는
3백여 개의 물줄기.
악마의 목구멍으로
들어간다. 빨려들어간다.

동그라미를 그린 무지개
물보라를 가르며
힘차게 차오른다.
이과수폭포의 흑단제비들
날아오른다. 따라 날아오른다.

천고의 비밀을 안은 채
오묘하게 꾸민
장엄한 무대
자연스런 오케스트라를
연주한다. 끝없이 연주한다.

　이과수폭포!
　층계를 타고 올라가 전망대에서

○ 콘티넨탈 호텔 정원의 나무 속에서

조명한 폭포. 보트를 타고 이과수 폭포 낭떠러지에서 물안개에 묻히기도 한 이과수.

보트를 타는 다리에서 모자가 강으로 떨어졌으나 물결 따라 되

● 이과수폭포(무지개가 보인다)

돌아와 긴 막대로 모자를 건져올렸던 이과수.

황홀한 무지개를 펼치고 있는 300여 개의 폭포. 물보라로 인디오족의 분노를 터뜨린 이과수폭포. 이과수폭포는 한서린 외침으로 크고 넓게 다양하게 솟아오른다.

1,500년경 포르투칼 카브랄 베들 알바레스 함장이 발견하였다고 한다. 그러나 이 땅의 주인은 구아라니 인디오족이다. 수천년을 살아온 원주민이 있는데 백인들이 주인 노릇을 하고 있으니 한이 맺힐 일이다. 외치고 외치어라 이과수폭포여!

● 이과수폭포(브라질, 아르헨티나, 파라과이 접경). '악마의 목구멍' 이라 부른다(박종현 주간과)

세련되고 고풍스러운 부에노스아이레스

🔵 아르헨티나 수도 부에노스 아이레스를 관광하는 한국문인협회원

아르헨티나 수도 부에노스 아이레스 공항에 도착하여 입국심사를 마치고 나오니 아르헨티나 교포문인들이 '한국문인협회 환영' 플래카드와 꽃다발을 들고 마중을 나왔다.

환대에 감사하며 교포문인들과 호텔로 가는 길은 오래된 나무들이 잘 가꾸어져 있고 공원도 아름답게 꾸며져 있었다.

팔레르모지구는 부유한 계층의 저택과 여러 나라 공관이 자리잡고 있고 잘 가꾸어진 세련되고 고풍스러워 유럽의 한 도시를 방불케 하였다.

부에노스 아이레스 거리에서 🔵

😊 해외 한국문학 심포지엄과 해외 한국문학상 시상식을 마친 후 아르헨티나 교포문인과 함께

　　호텔에서 여장을 푼 뒤 '제11회 해외 한국문학 심포지엄'과 '제10회 해외 한국문학상 시상식'에 참석하기 위해 다시 버스에 올랐다.

　　해외 한국문학상 수상자인 배정웅 시인은 '아르헨티나' 하면 무엇이 떠오르냐고 물었지만 우리 일행은 갑작스런 질문에 대답을 하지 않고 있는데 '땅고'라고 말하더니 오늘은 여기 오신 분들을 위해 품격이 높은 탱고 무용수를 초청했다고 하였다.(땅고는 아르헨티나 발음)

　　영화 '여인의 향기'에서 알파치노는 시력을 잃어 장님이 되어 가는데 매력적인 탱고는 끈끈하고 이름다왔다. 본고장에서 탱고를 보는 것은 이 여행의 즐거움이 되리라 믿으며 행사장인 한국교민이 세운 한국학교 강당으로 들어갔다.

😊 교포 식당에서 진을주 시인(왼쪽)과 박종현 주간

부에노스 아이레스 광장에서

행사장에는 많은 교포문인이 먼저 와서 기다렸다가 다정하게 맞아 주었다. 한국을 떠난 지 5일밖에 안 되었는데 교포문인들을 만나게 되니 금방 친해지고 다정스러웠다.

신세훈 한국문인협회 이사장의 '해외 한국문학 심포지엄'과 '해외 한국문학상 시상'에 대한 개회사에 이어 김승영 아르헨티나 대사는 축사를 통해 창작활동 영역을 넓히고 해외 교포문인과 외국문인들과 교류를 확대하기 위해 방문한 것을 축하하고 환영하였다. 이어 만찬이 시작되어 생선초밥, 된장국, 반찬 등 한국 음식이 나오자 모두들 오랫동안 못 먹었던 사람처럼 기뻐하며 즐겁게 식사를 하였다.

만찬이 끝나갈 무렵 음악이 흐르고 젊은 한 쌍이 나타났다. 검은 머리를 올백으로

아르헨티나를 알리는 탱고 엽서

탱고 거리에서 한쌍의 무용수를 담은 엽서

넘긴 날카로운 눈매와 거무스름한 피부의 키가 큰 청년과 금발머리를 여러 가닥으로 땋아올린 하얀 피부의 예쁘고 날씬한 여인이 함께 탱고를 추었다.

○ 부에노스 아이레스의 한 성당에서

검은 예복에 이목구비가 오히려 차가워 보이는 청년과 녹색 드레스에 검은 스타킹을 신은 여인은 열정적이고 섹시하였다. 이탈리아 하류층 이주민들이 여인을 유혹하기 위해 추었던 탱고는 자극적이고 은밀하기 때문에 로맨틱한 춤으로 여기다가 유럽으로 진출되어 인기를 끌고 관심이 높아지자 다시 본고장 아르헨티나에서 성황을 이루게 되었다. 격정적이고 화려한 탱고는 갈망, 안타까움, 환희가 함께 녹아 있다. 떨어졌다가 가까웠다가 격렬하다가 유연하다가 빠른 동작으로 춤을 추는 탱고 무용수들은 온몸에 땀이 흠뻑 젖었다.

우리는 탱고 무용수들에게 많은 박수를 보냈다.

이어서 해외한국문학상 경과보고는 한국문인협회 성준기 희곡분과 회장이 하였고,

○ 탱고 거리의 가게에서 필자

○ 호텔 벽면에 그려진 탱고 앞에서 유기수 소설가(왼쪽)

○ 원색적인 색깔과 연극세트장 같은 목조건물

심사경위는 박종현 아동문학분과 회장이 발표하였다. 아르헨티나 문인협회가 마련한 '한민족문학축제' 속에서 배정웅 시인이 상패와 상금을 받으며 감사의 인사를 하였다.

해외 한국문학 심포지엄은 〈한민족 통일문학과 한국문학의 미래〉를 주제로 윤재천 수필가, 진을주 시인, 김건일 시인, 이시환 평론가가 연사로 발제 발표를 하였다. 이어서 한국문인협회원, 아르헨티나 문인들의 시 낭송이 계속되었다.

다음날, 마라도나가 소속한 유수한 축구 클럽인 보까팀이 바로 보까지구에 소속된 팀이고 가난한 보까 동네의 팀이어서 더욱 사랑을 받는 것 같았다. 보까지구의 목조건물은 빨강, 파랑, 노랑, 초록 등의 원색적인 색깔로 칠해져 연극의 세트장 같았다. 그러나 강렬하고 원색적인 색깔들이 오히려 멋과 조화롭게 보였다.

가난한 이탈리아 이주민들은 페인트가 없어서 항구에 정박한 배에서 남은 페인트를 얻어다 칠하게 되어 다양한 색깔들이 이 거리의 상징이 되었다.

보까지구는 탱고의 명곡 까미니또의 작곡자 필리베르뜨가 이 거리에서 영감을 얻어 작곡을 했기 때문에 거리 이름이 까미니또가 되었다고 한다.

100년 전 뱃사람과 노동자들의 활기로 가득찬 옛날의 보까 항구는 이제는 가고 평범한 도시로 바꾸어졌다. 끈적끈적한 탱고나 와자지껄한 부두는 가고 거리는 텅 비고 탱고를 그린 그림들만 가게에 가득하였다.

○ 까미니또를 붙인 거리에서

잉카제국의 꽃 마추픽추

⬆ 잉카의 옛 수도 쿠스코에서 잉카유적지를 관광하는 한국문인협회원

　　페루의 수도 리마공항을 출발하여 중간 지점 아래키파에서 승객이 내리고 오른 다음, 잉카의 옛 수도 쿠스코에 도착할 때까지는 2시간이 걸렸다. 아래키파는 백인들의 별장이 많은 곳이라고 하는데 내 옆에 앉았던 80세쯤 보이는 할머니가 고전문학이라고 생각되는 두꺼운 책을 읽고 있던 단아한 모습이 아직도 생생하다. 쿠스코는 여기저기 가지런히 들어선 단층집은 초라하고 수수했다. 산 꼭대기까지 주택이 촘촘히 들어서 있고 거리에는 나무조차 없어서 옛 도시의 정취는 느낄 수 없었다. 잉카 건국 신화에 태양신인 인티와 달의 여신인 맴마 키이야가 아들 망코 카팍과 딸 마마오크이요에게 금지팡이

⬆ 공항에 도착할 때 찍은 사진을 관광엽서에 붙여 가져왔다

를 주어 금지팡이가 깊숙이 꽂히는 곳에 나라를 세우라 했는데 그곳이 '세계의 배꼽'이라고 불리는 쿠스코이다.

쿠스코 시내의 잉카 유적지 산토도밍고 성당, 탐보마차이, 푸카푸카라를 관광하였다. 그 중

● 레스토랑에서 원주민의 악기인 피리를 불고 있는 필자(오른쪽 두번째)

에서도 돌을 완벽하게 다듬어서 쌓아 올린 건축물을 보고는 감탄하게 하였다. 그 커다란 돌을 두부모 자르듯 반듯하게 잘라서 정교하게 만든 건축물이기 때문이다. 레스토랑에서는 붉은 판초에 긴 머리의 원주민들이 연주를 하였다. '엘 콘돌 파사'는 우리들의 귀에 익숙한 노래여서 멀리 찾아온 우리에게 좋은 연주였다. 원주민들의 매부리코와 튀어나온 광대뼈는 순수한 혈통을 지닌 얼굴이다. 사진을 찍고 1달러씩 팁을 주어 원주민들은 더욱 흥에 겨워 무대에서 춤을 추었다. 그러한 원주민의 춤은 오랫동안 외국의 침략을 받으며 어렵게 살고 있는 그들의 애환이 가득 배어 있어서 웃을 수는 없었다.

점심 식사 후에는 쿠스코 부근의 유적을 찾았는데 쿠스코 공항에 도착할 때 사진을 몰래 찍은 사진사가 잉카 유적 엽서에 붙인 내 사진을 내밀며 1달러라고 말한다. 애교스런 서비스여서 1달러를 주었다. 쿠스코 고산지대는 해발 고도가 3,360m나 되어 유적지를 찾는데 많은

● 산토 도밍고 성당에서

힘이 들었다. 그러나 우루 밤바로 이동하여 현지에 서 만든 저녁을 들고 산장 의 숙소에 여장을 풀었다.

페루는 울창한 정글뿐 아니라 만년설과 빙하와 사막과 초원이 있는 나라 이다. 적도가 있는 나라지 만 일행이 투숙한 산장의

○ 잉카 어린이들과 함께, 필자, 박안수, 박종현, 김년균 시인 작가

숙소는 아침 공기도 맑고 예쁜 꽃들이 피어 있어서 기분이 좋고 상쾌하였다.

마추픽추로 가는 기차를 타기 위해 버스에 올랐다. 한 시간쯤 버스로 달려서 올란따 이 땅보에 도착했다. 마을 뒷쪽에는 45도 되는 산비탈에 계단식 밭과 잉카의 석조 건 물이 보였다. 마을 중앙에는 젊은이들이 서성대고 있는데 짐을 날라주는 셀파들이었 다. 잉카트레블로 떠나는 관광객은 3박 4일 정도의 식량과 천막 등을 짊어지고 잉카의 옛 길을 따라 가파른 산길을 가기 때문에 힘든 길이라고 한다. 그러나 건강한 젊은이들 은 큰 베낭을 짊어지고 능선을 걸으 며 관광객들을 인도한단다.

기차를 기다리는 동안 원주민들 은 토산품을 팔기 위해 우리 일행에 게 끈질기게 토산품을 내민다. 처량 한 눈매로 토산품을 사도록 조른다. 토산품이 보기도 좋고 특별한 상품 이라 벽설이, 가방, 인형 등 몇 점씩 사기도 한다. 값도 싸고 질도 좋은 편이라고 생각하면서. 랴마라는 동 물의 털로 짠 작은 담요, 가방, 쉐타 와 모자를 샀다. 지금도 잘 사용하

○ 우루밤바 산장의 숙소에서

73

○ 토산품을 팔기 위해 정성을 다하는 원주민

고 있다.

협궤기차를 타고 아열대 숲이 있는 협곡의 우루밤바강을 달리는데 강물은 적었지만 물은 깨끗하고 맑았다. 강변 부근에 있는 마을들은 평화롭게 보였다. 협궤기차의 폭은 슬립형이라 달릴 때는 유난히 바스락거리는 소리가 잦다. 기차가 달리며 등나무와 야자수 등 각종 아열대림 나뭇가지와 스치는 소리이다. 아열대 식물이 자랄 수 있는 공간을 최대로 확보하기 위해 차폭을 좁혀가며 식물들이 숨 쉬는 공간을 최대화하는 그들의 마음 씀씀이에 머리가 숙여진다.

철도변 가까이는 레따방이라는 노란꽃이 환하게 비추었고 산기슭에 깔린 철로는 험한 길이었고 몇 차례 터널을 통과하면서 덜컹거리기도 하였다. 기차로 달린 2시간 후 마추픽추에 오를 수 있는 종착역에 도착하였다. 기차역에서 밖으로 나와 소형버스에 타고 길이 구불구불한 2,300m나 되는 높은 마추픽추를 향해 지그재그로 올라갔다. 버스로 오르면서 풍경은 아슬아슬했지만 더 올라갈 수 없는 종점에서 내려 입장권을 사고 다시 산 정상으로 올라갔다. 늘 사진으로 보았던 마추픽추 풍경은 마음을 벅차게 하였다.

잉카의 꽃 마추픽추

잉카 옛 수도 쿠스코에서
우루밤바로 옮겨서
우루밤바 강을 따라
114km 거리를 협궤열차로
마추픽추를 찾아 달린다.

2,300m 정상에 솟아오른
하늘의 정원, 숨은 성지,

○ 기차가 떠날 때를 기다리며 사진 한 장

○ 잉카의 꽃 마추픽추

5m 높이, 1.8m 두께의 성벽으로
둘러싸인 요새의 마추픽추.

커다란 돌덩이들을
산꼭대기로 옮겨와
두부 자르듯 반듯하게 잘라
틈없이 정교하게
쌓아올린 공중의 도시.

중앙 대광장 중심으로
궁전과 신전, 학교와 공장
주거지와 묘지가 있고,
비탈진 경작지에서도
옥수수와 약초가 잘 자라도록
한 방울 물도 아끼도록 고안한
취수장과 수로의 도시.

대 신전 앞 네모난 돌기둥 위
춘분과 추분과 태양의 위치와
태양과 달의 주기를 계산하는
태양신전의 해시계.

태양신의 활력이 부족할 때
기꺼이 제물로 바쳐진
하얀 드레스 황금 머리띠 두른
경건한 성녀들.
잉카제국의 비밀을 위해 전사한
100여구 미이라.

2,300m 구불구불한 길을
지그재그로 달린 소형버스보다
지름길로 날려 먼저 달려온
당찬 잉카 소년.
"안녕히 가세요" 외치는
낭랑한 목소리 생생하다.

'공중의 도시, 하늘의 정원, 숨

○ 마추픽추 정상에서

75

은 성지' 등 다양하게 불려지고 있는 마추픽추. 이 마추픽추를 두고 적군의 접근을 통제하기 위한 요새라고도 하고, 태양신의 처녀들이 지내는 수도원이라고도 한다. 잉카제국의 마지막 피난처라는 등 학자들마다 각기 다른 해석을 하지만 오늘날까지 풀지 못한 수수께끼로 남아 있다.

◑ 마추픽추 정상에 있는 태양신전에서

잉카제국은 11대 황제 오아스카르와 이복 동생 아타우알파가 황제의 자리를 놓고 전쟁을 일으켜 200명도 못 되는 스페인 군대에 무너지고 말았다.

잉카제국 황제는 언젠가 돌아와 복수한다고 하여 지금도 산악지방에는 잉카리(메시아)가 돌아와 잉카제국이 부활된다는 신화가 전해오고 있단다.

마추픽추에서 가파른 산길을 소형버스로 지그재그 내려오는데 산중턱을 굽이굽이 돌 때마다 전형적인 복장에 머리띠를 두른 당찬 잉카 소년은 지름길로 앞질러 내려와

◑ 지름길을 달려온 잉카 소년과 필자와 박인수 수필가

버스가 방향을 돌리는 곳에서 굿바이 대신 '안녕히 가세요.' 한다. 다시 지름길로 달려 버스 출발점에 먼저 온 잉카 소년은 일행들의 박수를 받으며 버스에 오른다. 잉카제국의 아픈 역사를 느끼며 일행들은 1달러, 2달러씩 잉카 소년의 손에 쥐어주었다.

잉카 소년은 각 나라의 말로 인사를 하여 지친 관광객의 마음을 산뜻하게 사로잡는다.

아마존 밀림 속에 춤추는 원주민

◎ 관광객을 기다리는 원주민

이키토스 공항에 도착하자 후끈하고 뜨거워 쿠스코에서 사 입었던 털쉐터를 벗어야 했다. 역시 적도의 도시임을 일깨워 주었다. 페루의 날씨는 사계절이 공존하고 있다.

리마는 차가운 날씨여서 털쉐터를 입어야 했고, 멀리 보이는 높은 산은 흰 눈자락을 이고 있다. 페루에서는 우리 나라 봄 여름꽃들을 쉽게 볼 수 있다. 리마는 이른 날씨이고, 이곳 이키토스는 여름 날씨이다. 열대의 기온에 전신이 휩싸여 힘든 시간이었다. 열 살이나 되었을까 코흘리개 아이들이 구두를 닦으라고 졸라댄다. 열흘이 넘게 혹

◎ 아마존 강변에서 원주민 가이드와 한 컷

77

◐ 원주민과 어울려 춤을 추는 우리들

사했던 내 구두를 맡겼더니 새까만 손으로 다부지게 닦는다. 50년대 우리 나라를 생각
케 하였다.

　호텔에 도착할 때는 밤 11시에 가까웠지만 적도의 이퀴토스는 위험 부담이 없고 자
유로운 도시라고 한다. 원주민이 운영하는 술집에 가서 창밖 도로에 있는 의자에 앉아
오래도록 정다운 술잔을 주고 받는다.

　다음날, 아마존 밀림 탐사를 위해 호텔문을 열고 나가자 이상하게 생긴 모터사이클
이 와글와글 넘치고 있다. 중고 모터사이클에는 손님이 앉을 좌석은 천막을 쳐서 만들
었다. 이것이 바로 모터카투라고 불리는 이곳의 택시인데 칠천 대 가량 있단다.

　모터사이클을 타고 이곳 저곳을 찾아가는데 어느 새 인파가 웅성거리는 저자거리로
들어섰다. 하나같이 원주민 일색이었다. 우리 일행도 밀림 속에서는 이방인이 되었고
원주민들은 희한하게 여기는 듯했다.

　넓적한 바나나 잎사귀로 초가
지붕을 만든 주택가를 지나면서
간밤에 아마존강에서 잡아온 납
작한 고기를 파는 아낙네와 길
쭉한 수박더미를 지키고 있는
사내들을 만난다. 봉고차는 아
마존 강변까지 실어다주어 올망
졸망한 배들을 배경으로 사진을

◐ 페루의 적도에 있는 이퀴토스

⊙ 원주민과 춤을 추는 필자

찍고 현지인이 안내하는 모터보트에 나누어 탔다. 모터보트는 큰 강을 이루는 다갈색 아마존강을 신나게 달린다. 아마존강은 바다처럼 크고 넓어서 페루의 산골에도 있고 브라질에도 있는 깊고 큰 강이다. 모터보트는 한참 달리다가 얼기설기 나무토막으로 만든 계단 앞 강변에 세우고, 원주민촌이 있다는 밀림 속을 찾아 힘차게 올라간다. 둥그런 지붕을 한 원주민촌에서 건강한 체격의 추장이 큰 소리를 지르며 우리를 반긴다.

둥근 돔 같은 집에서 원주민들은 우리들을 맞기 위해 대열을 갖추고 소리를 지르며 발을 굴려가며 춤을 추기 시작한다. 멀리 찾아온 우리들과 손을 잡고 빙빙 돌면서 신나는 춤판을 벌였다.

얼마쯤 춤을 추다가 원주민들은 그들이 만들었다는 수제품들을 팔기 시작했다. 나무 껍질로 만든 팔찌, 섬유질로 엮어 만든 가방 등 물건을 하나라도 더 팔기 위해 달라붙은 아이들과 몇 분 사이에 값이 달라지는 것을 보면서 자연의 품에서만 살았던 원주민들도 달러의 가치를 알고 있다.

다시 모터보트를 타고 아마존강을 달려서 아나콘다농장에 들렀다.

아나콘다 뱀이 기어나왔고, 원주민 젊은이가 일행 중 한 분에게 거대한 아나콘다를

⊙ 아나콘다 농장에서

모터보트를 타고 아마존강을 달린다

걸어주었다. 아나콘다를 어깨에 멘 분은 싱글벙글 웃으면서 사진을 찍는다.

그러나 아나콘다를 목에 걸 수 없는 분들은 새와 다른 동물 곁으로 가 사진을 찍는다.

다시 모터보트를 타고 길고 큰 아마존강을 빠른 속도로 달렸다. 한 시간 이상 걸려 운치있게 만들어진 목조건물 레스토랑으로 들어갔다. 중년의 지배인이 우리를 안내하였다. 음식도 좋고 분위기도 좋은 레스토랑에서는 한국인을 처음 만난다고 하였다. 우리는 오랜만에 열대과일과 와인을 마시며 잠시나마 즐거운 시간을 보낸다. 전망대에서 아마존강의 모습을 보다가 다시 모터보트를 탔다. 아마존 강변 밀림 속에서 살고 있는 원주민 나띠보(페루의 아마존강 밀림 속에 사는 원주민)들의 인도 속에 낚시를 하였다.

큰 고기를 많이 낚은 나띠보들은 고기 바구니를 펼쳐 보이며 웃고 있다.

우리 일행도 고기들을 낚았지만 큰 고기는 잡지 못하였다. 낚시를 하고 다시 보트를 타고 육지에 닿자마자 회오리바람이 불어닥쳐 강변의 모래를 온통 우리 몸에 쏟아 부었다. 지구의 적도 여행에서 모래 체험을 더해 주었다. 이퀴토스로 돌아왔다. 밤늦은 시간 이퀴토스 공항에서 리마 공항으로, 리마 공항에서 로스엔젤레스 공항으로, 다시 탑승하여 기내 숙박을 하며 인천 공항으로 달린다.

유유히 흐르는 아마존강을 생각하며 여행의 감동을 가슴에 담는다.

오른쪽부터(신세훈 이사장, 김향자, 안종완, 박종현 주간)

리마행 비행기를 타기 위해 이퀴토스 공항에서

동서양 문화가 만나는 우즈베키스탄

◐ 해외문학 심포지엄과 해외문학상 시상식을 마치고

세계기행에 마음이 부풀어 있었는데 드디어 8월 8일이 왔다.

우즈베키스탄 수도인 타쉬켄트를 가는데 인천 공항에서 모스크바까지 9시간 20분을 탔다. 모스크바 공항에서 타쉬켄트행 비행기를 갈아 타기 위해서였다. 모스크바 공항에서 서틀버스를 타는데 버스를 출발시키지 않고 자기들끼리 떠들고, 또 사람 수를 세어 보고 하기를 30분이 넘게 하였다. 공항 안에서 비행기 타러 가는 버스도 시간이 20분이나 걸렸다. 엄청난 규모의 공항이었다. 시간은 9시 20분. 대낮처럼 훤하여 밀로만 듣던 백야의 맛을 볼 수 있었다.

모스크바에서 타쉬켄트까지 4시간 20분. 우리 단체가 40명이나 되어 타쉬켄트로 직접 가는 비행기표를 구하기가 어려웠단다. 호텔에서 잠시 눈을 부치고 '한국문인협회 해외문학 심포지엄과 해외 한국문학시상식'에 참석. 신세훈 이사장 대회사에 이어 아브둘라 이리포프의 환영사가 있었다.

"이역만리 머나먼 땅 타쉬켄트에 와 주신 것에 대해 뜨거운 한민족의 핏줄로 반가움을 표현하고 싶다. 5세에 강제 이동으로 이곳에 와서 지금은 70세가 되었다. 조국의 역사와 문학을 배우고 싶고, 조국에 대해 알고 싶다. 한국에서 작품을 쓰고 싶다."고 하였다. 이어서 문학상 시상식이 이루어졌다. 이번 수상자는 안무학(안 알렉산드르) 모스크바 국립대학 한국학교수다. 근대, 현대 단편소설 14편을 러시아어로 번역하여 우리 한국소설의 정수를 러시아에 알리는데 기여한 공이 커

↥ 나보이 문학관에서 촬영

서 최종 수상자로 결정되었다. 박종현 아동문학분과회장이 심사경위를 발표하였다.

해외문학 심포지엄 주제는 〈전쟁과 한민족 문학〉. 임헌영 평론가가 '문학적 역량을 한반도 평화 정착에 집결시키자.'는 발제에 윤재천, 이운룡, 정목일, 신협, 진을주 시인·작가의 강연이 있었다. 우즈베키스탄의 고려인 문화협회 작가이고, 기자 길드 대표인 이 베차슬라브의 '민족과 함께 울고 민족과 함께 웃어봅시다.'는 강연이었다.

행사 후, 타쉬켄트 관광에 나섰다. 우즈베키스탄은 나라 전체가 사막이다. 그러나 천산산맥의 눈 녹은 물이 흘러내리면서 오아시스가 생겨 군데군데 기름진 땅을 만들었다. 타쉬켄트도 인구 250만 명의 도시이

↥ 지진 기념비 앞에서

다. 지진 기념비가 서있는 광장에 갔다. 1966년 4월 26일에 7도의 큰 지진이 일어났다는데 5시 24분을 가리키고 있는 시계탑이 있었다. 그 날 지진이 일어난 시각이란다.

○ 역사 박물관에서 찍음

　우즈베키스탄의 국화가 목화라고 하는데 군데 군데 목화밭이 많았다.

　소련시대에는 목화가 세계 5위가 되어 자랑했다고 한다. 타쉬는 '돌' 이라는 뜻이고 켄트는 '도시' 라고 하니 '돌의 도시' 라는 뜻이란다. 이제는 전화와 지진으로 옛 모습은 사라지고, 우즈베키스탄 수도로 시끌벅적한 중앙아시아 최대 도시가 되었다. 이곳에는 우리 동포들이 25만 명이 살고 있단다.

　나보이 문학관을 찾았다. 문학관이 있다는 것에 문학을 하는 사람으로서 여간 반가운 일이 아니었다. 나보이는 우즈벡 문학의 창시자이며 국민시인이다. 우즈베키스탄어로, 가장 아름다운 감성과 보석 같은 언어로 민족의 마음과 영혼을 꽃피워 놓는 시인이디. '마음의 평화, 삶의 가지와 의미를 깨우쳐주고 민족공동체의 사랑을 일깨워 준 것은 시의 힘이다.' 는 것을 알고 실천한 민족에게 머리숙여졌다. 전시물은 고서적과 예술품, 시 제목으로 이루어진 벽화, 선물

○ 역사 박물관에서 촬영

받은 카펫, 나보이의 유
년시절과 작품 등이 전시
되어 있었다. 이곳에서
발견한 기쁨은 작고 초라
하지만 우리 나라의 작가
조명희 방이었다.

'그러나 필경에는 그
도 머지않아서 잊지 못할
이 땅으로 돌아올 날이
있겠지'

—조명희 · 낙동강의 일부—

민족주의에 이바지한 시인으로 시구가 초라한 액자에 사진과 나란히 걸려 있었다.
조명희는 충북 진천에서 가난한 양반의 아들
로 태어났다. 중앙고보, 일본 토오요 대학에
서 시 창작과 연극활동을 하다가 1925년 조
선 프롤레타리아 예술가 동맹에 가담된다.
1928년 소련으로 망명 「만주의 빨치산」 등
작품 활동을 활발하게 하였다.

아미르티무르 역사박물관을 찾았다. 동서
무역로의 중심지라는 지정학적 위치 때문에
13세기경에는 몽골의 징기스칸이 이 지역을
정복하여 통치하였다.

1370년 우즈벡 장군인 티무르가 징기스
칸 후예들을 내쫓고 우즈벡 왕국을 시작하면
서 사마르칸트를 수도로 하였다. 1층에는 코
란과 10m 높이의 벽면화 전시, 2층에는 티

◯ 고고학 박물관 앞

◐ 레키스탄 광장에서 춤을 배우는 학생들

무르 시대의 건축물 모형, 유물 등이 전시되어 있었다. 국립 중앙 우즈벡 역사 박물관 1층에는 중앙아시아 지역의 역사, 고고학, 인류학 관련자료, 2층에는 구석기시대부터 우즈베키스탄까지의 역사가 전시되어 있는데 간다라미술의 불상이 인상적이었다. 돌 95kg의 불상인데 일본에서 순금 95kg과 바꾸라는 제의를 했으나 바꾸지 않았다고 한다.

우즈베키스탄의 제2도시이며, 실크로드의 중심지인 사마르칸트. 타쉬켄트에서 330km, 버스로 5시간쯤 걸렸다. 가는 길은 해바라기와 목화, 옥수수밭이 펼쳐 있고 뒤로 보이는 산은 나무라고는 한 그루도 없는 민둥산이었다. 가로수는 플라타너스와 비슷한데 잎 모양은 단풍나무처럼 생긴 나무와 아카시아 잎 모양인데 노란 꽃을 핀 나무가 있었다. 집들은 색을 칠하지 않은 연회색의 스래트 지붕이었다. 휴게실이나 화장실이 없어 길에다 차를 세워주고, 급한 일을 해결하라 하니 어쩔 수 없는 일이었다.

이곳의 건축물들은 도자기로 구운 타일로 붙여 지은 것이 특징인데 빛깔들이 청색

◐ 고려인 마을에서 사진을 찍는 박종현 주간(오른쪽에서 두 번째)

계통이었다. 가도가도 사막인 실크로드의 상인들이 물빛깔인 청색을 갈망해서였을까? 웅장하고, 섬세하고, 우아한 광채를 발하는 사원을 비롯한 고적들은 우즈베키스탄인들이 피워낸 찬란한 문화의 꽃이었다.

◐ 김병화 농장의 동상 앞에서

그런데 어찌된 일인지 몸이 오싹거리며 춥고, 가슴은 답답하여 구르에미르 영묘의 신비한 건축물도 영 눈에 들어오지 않았다.

고려인 마을을 찾았다. 1937년에 사할린의 우리 동포들을 강제이동으로 이곳 허허벌판에 내려주었을 때 땅에 굴을 파서 살기 시작하면서 고려인 마을이 생겼다고 한다. 김병화 농장이 있었다. 김병화는 1905년생으로 34세에 회장이 되었고, 금별이라는 노동의 영웅 훈장을 두 번이나 받았다. 농장에 동상이 있는데 〈이중사회주의 로력 영웅 김병화〉라고 씌어 있었다.

현지에 살고 있는 고려인 할아버지를 찾았다. 본인이 직접 지은 집이라는데 커다란 나무가 마당에 자란 것으로 이 집의 역사를 말해준 것 같았다. 손수 가꾼 과일을 내놓으며 우리 일행을 맞아주었고, 자녀들을 훌륭히 키운 이야기와 강제이동시 가족을 모두 잃어버리고 혼자서 정착한 이야기는 끝이 없었다. 다시 타쉬켄트로 돌아와 나보이 볼쇼이 발레 오페라 극장에 있는 뉴월드 뷔페 식당에서 든 식사는 오랜만에 만나는 깔끔한 한식이어서 정말 맛있게 먹을 수 있었다.

식당 주인은 한국인이란다.

전통시장을 찾았다.

과일, 견과류, 반찬 종류를 파는 분들이 고려인인데도 우리들과 말이 통하지 않아 안타까웠다. 과일을 사 먹고, 건포도, 잣 등의 견과류를 조금씩 샀는데 우리가 물건을 살 때마다 상인들은 무척이나 즐거워하였다.

◐ 전통적인 바자르 시장

복지국가 스웨덴과 물의 도시 스톡홀롬

❶ 스웨덴의 수도인 물의 도시 스톡홀롬

타쉬켄트에서 스톡홀롬에 올 때는 모스크바를 경유했다. 모스크바에서 잠시 잠을 자고 새벽에 일어나 빵과 과일이 담긴 봉지를 하나씩 들고 버스에 올랐다. 모스크바 공항에서 식사를 대신하고 비행기에 올라 스톡홀롬 공항에 도착했다. 그런데 안내원이 나타나지 않아서 한 시간 이상을 기다려야 했다. 연락이 잘못되었다며 나이가 지긋한 여행회사 대표가 직접 뛰어나왔다. 사과하는 마음으로 점심 시간에는 연어회를 마음껏 사 주었다. 소금에 절인 짠 연어만 먹었던 내 입에 그야말로 살살 녹는 연어 맛은 지

❶ 식사를 한 남강회관 앞에서 박종현 주간

금도 잊을 수가 없다. 식
당은 교포가 하는 남강
회관이었다.

스웨덴의 수도인 스
톡홀름은 40여 개의 섬
을 15개의 다리로 연결
된 북유럽의 '베니치아'
라는 칭호를 갖고 있다.

○ 스톡홀름 시청사를 찾은 필자

신선한 공기와 깨끗한 물의 천국일뿐 아니라 복지의 나라로 평민들이 살기에 가장
좋은 스웨덴.

인구는 천만 정도이며 우리 나라 교민 수는 천명 정도 된다고 한다. 자연보호청이
별도로 있어서 환경보호에 철저한 나라다. 자동차 시동을 1분 이상 걸면 안 되는 것이
법규로 정해져 있고 자동차 검사 때도 매연 관계를 꼼꼼히 따진다. 초등학교 4학년부
터 성교육을 실시하고, 남·여 모두에게 뜨개질, 망치질을 할 수 있는 전인교육을 한다.

스톡홀름의 명소로 시청사를 찾았다. 로만 양식의 건물로 800만개의 벽돌과 1,900
만개의 금 도금 모자이크로 지어졌다. 은은하면서도 고상한 기품을 느끼게 해주는 건
물 이층에 있는 '황금의 방' 에서는 매년 12월 10일 노벨상 수상자들을 위한 만찬과 파
티가 열리는 곳으로 유명하다.

다음으로 찾은 곳
이 바사호 박물관이었
다. 바사호는 스웨덴
에서 가장 오래된 전
함으로 1628년 처녀
출항하면서 침몰하여
333년간 바다 속에 잠
겨 있다가 인양되었
다. 스웨덴의 국력을

○ 호화 전함이 전시된 바사호 박물관

❍ 바사호 안의 전시물

과시하기 위해 목재로 만든 호화전함이다. 박물관 안에는 10분의 1 크기의 모형과 과학적인 인양 방법도 전시되어 있다. 왕에게 충성하고 국력을 과시하려던 호화전함 봐이킹이 출항 13km 의 지점에서 회전하다 침몰했을 때 얼마나 비참했을까? 360년이 지난 오늘날 10년만에 1,000만 명의 관광객이 몰려와 외화를 벌어들이고 있으니, 그렇게라도 전함을 만든 사람들에게 보답하는 것인가? 침몰하는 이유는 밝혀지지 않았지만 설계에는 이상이 없단다.

왕에게 경의를 표하기 위해 대포를 한 쪽에 몰아놓아 회전할 때 쏠림이 아닌가, 혹은 회오리바람이 일었다면 하느님의 뜻이 아닌가 라고 생각한다.

스톡홀룸 구 시가지를 둘러보았다. 13~19세기에 지어진 건물들이 그대로 보존되어 있다. 개인이 고치지 못하고 전문인의 심사에 의해서만 수리와 보완이 되기 때문에 오래된 건물임에도 잘 보존되어 있다. 이 건물의 내부는 레스토랑이나 목로주점, 카페 등으로 관광객의 인기를 끌고 있다. 세계에서 가장 좁은 길, 목사님만 다니던 길, 마차수리인의 거리, 상인의 거리가 있고, 노벨 문학상 발표장소인 한림원도 있었다. 10대 소년이 철근을 짊어지고 있는 가장 작은 철 조각인 '철의 소년' 도 보았다.

선선한 기후 어디서든지 마음 놓고 마실 수 있는 물과 공기가 좋은 나라 스웨덴의 여행은 이렇게 짧고도 아쉽게 막을 내렸다.

산림의 나라 핀란드와 파이프오르간

핀란드로 가기 위해 초호화 유람선인 실자호에 몸을 실었다. 배라기보다 도시 속의 호텔같이 느껴지는 웅장함에 놀랐다. 영화 '타이타닉'을 연상하면서…. 여객선에는 목

⊙ 가장 작은 철 조각인 '철의 소년' 앞에서

욕탕, 카페, 식당, 주점 등이 있었고, 선실이 985나 되는 큰 여객선이었다. 발틱해를 건너며 바다에서 솟아 바다로 떨어지는 반원의 무지개를 생전 처음 보았다. 밤 11시가 될 때까지 바다와 인근의 섬들을 감상할 수 있었다. 백야 현상으로 낮이 길어서 시간을 많이 벌어 써서 더 즐겁고 신나는 여행이 되었다. 선실에 들어가 잠시 눈을 붙이고, 일어나 일출을 보았다. 5시 35분에 해가 떠오르는 붉은 바다를 보면서

'하느님! 당신이 창조하신 대자연의 아름다움에 저절로 머리가 숙여집니다. 위대하신 당신께 찬미와 감사를 드립니다. 대자연 앞에서 한없이 작아지는 나는 저 바다의 파도처럼 왔다가는 것이겠지요.'

아름답고 커다란 자연에 안겨 나는 어디로 가고 있으며 남은 여생을 어떻게 살아야

하는 것인가를 생각하면서, 붉은 하늘은 점차 푸른 하늘로, 회색구름이 흰구름으로 바뀌는 것을 감상하는 동안 헬싱키에 입항하였다.

아! 맑은 공기, 밝고 투명한 햇빛, 선선한 기후, 두 팔을 벌리며 깊은 호흡을 하였다. 항구에 닿으니 시청과 시장을 양팔에 안은 것 같은 헬싱키 대성당이 그 위용을 나타낸다.

원로원 광장 계단 위에 솟아 있는 헬싱키 대성당. 돔을 축으로 좌우 대칭인 이 성당은 엥겔이 설계한 것이다. 서편의 정문으로 나오니 멋있는 건물이 있어 들어가 보았더니

● 발틱해를 달리는 실자호

대학 도서관이란다. 엥겔이 성당과 그 동편의 관청, 서편에 있는 도서관을 설계하였는데 그 중에서 대학 도서관이 가장 우수한 작품이란다. 19세기의 신고전적인 건물과 현대의 건물들이 잘 조화를 이루고 있다. 아름다운 자연에서 언제나 기분전환이 가능하며 문화 생활뿐 아니라 웅장한 건축과 디자인을 즐길 수 있는 나라다. 40만 개의 화강암이 깔린 원로원 광장에는 러시아 황제 알렉산드로 2세의 동상이 서 있고, 파이프오르간이 연주되며 각종 종교 행사가 열리기도 한다. 성당으로 올라가는 높은 계단에는 편안한 자세로

● 초호화 유람선 실자호에 오르며

91

쉬고 있는 연인들, 노인들, 어린이들 모두 여유로워 보였다. 마켓 광장으로 내려가는 길에 크지는 않지만 알뜰하게 진열된 가게에 들러 형형색색의 과일과 채소를 보고, 무늬가 고운 나무로 조각한 보

⦿ 마켓광장의 형형색색의 과일과 채소

석함을 샀다. 이 나라는 값을 깎는 관습이 없어서 바가지 쓸 염려는 없어 다행이다.

인구 52만인 헬싱키는 바다로 둘러싸여 있는 발틱의 땅이다. 60여 개의 박물관이 있으며 장인정신이 투철하여 디자인, 아이디어 산업, 조선업을 정책적으로 밀어주고 있다.

바위 위에 세워진 템펠리아우키오 암석교회를 찾았다. 외관은 UFO와 같은 핀란드의 대표적인 근대식 건물이다. 내부는 천연암석으로 벽을 이루고 있고, 천장은 둥근 방사선형으로 유리를 통하여 들어오는 광선이 거친 바위 위에 부드럽게 비쳐 자연의 품에 안기는 것 같은 포근한 느낌을 주었다. 거기에 파이프오르간의 연주소리와 합쳐져 내 마음의 시끄러움이나 먼지를 모두 털어 버렸다.

다음에는 시벨리우스 공원을 찾았다. 24톤의 강철을 이용해 만들어진 파이프

⦿ 자연석으로 만든 암석교회 앞에서

❖ 파이프오르간 시벨리우스 두상이 함께 한 자리에서

오르간 모양의 조각품은 자연의 저음을 상징한단다. 자연석 위에 올려진 시벨리우스의 두상과 어우러져 헬싱키를 찾는 관광객은 한 사람도 빠짐없이 찾아오는 공원이다. 얼굴은 시베리우스와 닮게 해놓고 귀를 커다랗게 조각한 무명의 여류조각가는 이 작품으로 일류조각가로 부상했다. 650년간의 스웨덴의 지배, 100년간 러시아의 지배를 받던 핀란드의 민족 지도자들은 합창운동을 통해 집단의식을 고취하였다.

민족혼을 잃지 않고 독립의지를 다져가다 1917년 러시아 혁명과 때를 같이하여 독립을 얻어 냈다. 1894년에 발표한 교향시 '핀란디아'는 압제에 시달리던 국민의 마음을 끓어오르게 했다. 우즈베키스탄이

❖ 시베리우스 두상 앞에서

시를 읊으며 민족
혼을 일으킨 것
처럼 핀란드인은
음악의 힘으로 민
족혼을 일으켰다.
그는 평생을 조국
핀란드에 대한 사
랑과 용감한 사람
들의 생애를 주제
로 작곡하였다.

⬆ 헬싱키 올림픽 운동장 동상 앞에서

　휴양도시 라플란트로 가기 위하여 버스로 4시간을 달렸다. 길 양옆으로는 죽죽 뻗
은 자작나무와 붉은 소나무 숲이 끝없이 펼쳐진다. 숲이 빽빽하여 햇볕이 위에서만 쪼
이기 때문에 햇빛을 향해 위로만 자라는 꼿꼿한 적송을 보는 것은 소나무를 좋아한 나
에게 대단한 즐거움이었다. 일행이 묵은 호텔은 호숫가이면서 숲 속에 위치하였다. 저
녁 식사 후에 핀란드식 사우나를 하였다.

　호숫가와 숲 속을 산책하면서 한가한 시간을 가졌다. 여태 시간에 쫓기기만 하다가
여유를 가질 수 있었다.

빽빽한 나무들 사이에서
동화의 주인공들과 함께
얘기하며 걷는 것 같은
조용하고 평화로운 시
간. 남자분들은 낚시를
즐기기도 하고, 여자들
은 넓은 호숫가에서 가
곡을 부르며 소녀들처럼
즐거워하였다.

⬆ 자작나무 숲에서

러시아의 창 상트 페테르부르크

◐ 네바강변 건너편에 우아한 겨울궁전이 보인다

상트 페테르부르크에 도착하니 출렁이는 네바강, 강 양편으로 펼쳐진 바로크풍의 거대한 궁전과 광장, 성당, 동상, 사원, 웅장한 건물에 감탄사가 저절로 나온다.

물이 손에 닿을 듯한 네바강은 매서운 북극의 추위, 잦은 범람으로 쉽게 늪이 되기도 했던 어려움을 감추고 말없이 출렁이고 있다.

상트 페테르부르크라는 도시 이름이 처음에는 매우 어려웠다. 상트는 라틴어로 '거룩하다' 라는 뜻이고, 페테르는 '베드로'의 러시아식 발음이며 부르크는 독일어로 '도시' 라는 뜻이라

◐ 겨울궁전 광장에 있는 원주는 천사의 형상으로 붉은 화강암 원석으로 만들었다.

◐ 푸쉬킨 동상 앞에서 한국문협 회원 뒤에 미하일궁전(러시아 미술관)이 보인다

는 설명을 듣고 나서는 발음이 잘 되었다. 레닌이 죽은 뒤 그를 기념하기 위하여 레닌 그라드라고 불린 적이 있었는데 이 이름이 나에게는 훨씬 친숙하였다. 1991년 사회주의 개혁 시민들의 요구에 따라 본래 이름인 상트 페테르부르크를 되찾았다고 한다.

러시아의 시인 푸쉬킨은 '나는 너를 사랑한다. 표트르의 창조물'이라고 이 도시를 찬양하였지만 사실 이 도시는 '뼈 위에 세운 도시'라는 별칭이 붙을 만큼 어렵게 세워졌다. 하지만 200여년간 러시아 제국의 수도 노릇을 훌륭히 해냈다.

제정 러시아의 개혁군주 표트르 대제는 네바강과 발트해가 만나는 삼각주 토끼섬에 페테르파블로스크 요새를 건설한 것이 이 도시의 시초이다. 초소, 박물관, 감옥 그 중에 으뜸이 되는 것은 베드로 바울 대성당이다. 122.5m의 종루 맨 위에는 수호천사가 이 도시를 축복하고 있으며 바람 부는 방향을 가르쳐 주기도 하는데 이 도시 어디를 가도 그 수호천사는 보였다. 이 성당에는 피터 대제를 위시하여 제정 러시아의 역대 차르와 그 황후들이 묻혀 있다고 한다.

성당을 방문하는 동안 15분마다 종이 울려서 들떠 있는 관광객의 마음을 차분하게

◐ 뱃머리 모양의 장식을 단 32m의 해전 기념 원주

○ 유럽을 향해 달려나갈 듯한 표트르 대제의 청동기마상

가라앉혀 주었다. 요새 반대편 강 기슭에 해군부 조선소를 세우고 '유럽으로의 창'을 열기 위한 신도시 건설에 착수하였다.

1712년에 수도를 모스크바에서 이곳으로 옮기니 귀족과 상인들이 몰려왔다. 그들이 살 집, 궁전을 짓기 위해 당시의 유명한 건축가, 조각가, 장인들이 러시아 전역은 물론 프랑스, 이탈리아에서도 초빙되었다. 여름궁전, 해군박물관, 파블로스키 요새 등의 건물과 러시아 바로크 양식의 겨울궁전이 이 때에 지어졌다.

표트르 대제는 황제신분을 숨기고 유학을 떠나 서유럽 학문과 직접 배를 조립하는 등 기술과 제도를 배우고, 이를 적용하여 러시아의 근대화에 공이 가장 큰 사람이다.

표트르 대제의 청동기마상은 이 도시가 지향하고 있는 바를 솔직하게 보여 준다.

아무렇게나 잘라낸 듯한 바위 위에 앞발을 들고, 뒷발은 뱀을 딛고 금방이라도 달려나갈 것만 같은 말을 타고, 채찍을 휘두르고 있는 대제의 시선은 서쪽을 향하고 있어 유럽의 선진 문물을 배우기 위해 얼마나 애썼는가를 보여 주고 있기 때문이다.

그 남쪽에 있는 이삭성당을 찾았다. 후기 고전적 건물의 대표인 황금빛을 발하는 돔을 이고 있는 이 이삭성당은 1810년 피터 대제의 뜻으로 세워졌다. 피터 대

○ 50만명이 40년간 걸쳐 지어진 황금의 돔을 이루고 있는 이삭 성당.

97

제의 생일이 5월 30일로 이삭성인의 날과 같아 붙여진 이름이다. 100kg이 넘는 금이 칠해졌고, 내부 장식은 22명의 예술가에 의해 꾸며졌다.

◐ 시간과 공간을 초월한 예술종합대학생 사물놀이

40년간에 걸쳐 50만 명이 투입되어 지어진 이 성당은 기반을 다지는 데만 27년이 걸렸다고 한다. 황제의 권위를 알리기 위해서 세워진 것 같다. 이삭성당의 입장료가 15불이었다.

3일간을 이 도시에 머무르면서 버스를 타고 도는 동안에 가장 눈에 잘 들어오는 것이 이삭성당이었다.

톨스토이와 도스트에프스키의 작품에 등장하는 넵스키 대로 부근의 카잔성당 앞을 걷고 있는데 어디선가 귀에 익은 장단이 들려왔다. 우리 일행의 발걸음은 우리 가락이 들리는 쪽으로 빠르게 움직였다. 페테르부르크 정도 300주년 행사에 8월 11일부터 17일까지를 한국주간으로 선포하여 한·러 관계를 중시하고 있다. 예술종합대학 학생들의 사물놀이 공연에 많은 러시아인들이 모여들었다. 수많은 러시아인이 우리와 함께 우리 장단에 공감하고 어깨춤을 추는 현장은 감동 자체였다. 문화는 시간과 공간을 초월하는 공감대를 만들어주고 있다는 것을 직접 체험할 수 있었다. 먼 이국에서 고국의 소리를 들으니 눈물이 핑 돌았다. 이외에도 한국화 전시, 관광설명회, 과학기술회의, 무역 상담회 등으로 유럽을 향한 창이 이제 한국을 향한 우정으로 바뀌어 가고 있다.

◐ 네바강 유람선상에서 민속공연자와 함께

점심 먹는 동안 비가 주룩주룩 내리더니 햇볕이 쨍쨍 쪼이고 푸른 하늘을 보인다. 버스 타면 빗방울이 떨어지고 버스에서 내릴 때는 그쳐서 우리들의 여행을 즐겁게 하였다.

○ 예카타리나 대제 기념비가 있는 알렉산드라 극장에서 발레를 관람하였다

알렉산드라 극장에서 끼로프 발레를 관람하였다. 80불씩을 따로 내고, 볼쇼이 발레를 관람하리라 생각했는데 끼로프 발레를 관람하게 된 이유는 여름에는 볼쇼이 발레가 외국공연을 나가기 때문이다. 2시간에 걸쳐서 백조의 호수 등을 감상하였다. 겨울에는 밤이 길기 때문에 이런 문화 행사가 하루 저녁에 7백 가지도 넘게 열린다고 한다.

이 극장 앞에는 수많은 화가 지망생과 화가들이 모여서 초상화를 그려주고 있다.

나도 10불을 주고 나의 초상화를 그려볼 수 있는 시간을 얻었다. 눈동자가 맑은 젊은 남자 화가 앞에 앉았다. 그것도 한참을 기다렸다가 간신히 얻은 자리다. 그 화가의 표정이 너무나 진지하여, 한번 쳐다보고 그리고, 또 쳐다보고 그리고, 쳐다볼 때마다 그를 격려하기 위해 씽긋 웃어주었다. 볼륨이 별로 없는 납작한 얼굴을 그리느라 수고하는 그가 안쓰러웠다.

거기 앉아서 초상화 그리기를 참 잘했다고 생각하였는데 그 이유는 내가 어디서 이렇게 다양한

○ 알렉산드라 극장 앞에서 초상화를 그리고 있는 화가들

99

인종으로부터 눈인사를 받아 볼 수 있을 것인가라는 생각을 갖게 되었다. 지나가던 사람마다 쳐다보고 눈인사를 주고 갔다.

서울가든에서 육개장으로 식사를 하고 피터 대제가 세운 여름궁전을 찾았다. 250개의 조각상과 3단계의 폭포, 아름다운 숲으로 이루어진 궁전은 러시아 예술의 진수가 모인 곳이다. 3개의 화려한 계단식 폭포 중의 하나가 유명한 삼손 분수로 삼손이 사자의 아가리를 벌리고 있는 동상이 서 있다. 아래쪽에는 여름에 173개의 분수가 있다. 황제의 힘이 얼마나 큰가를 보여 주는 곳이었다. 한 시간의 자유시간을 숲 속과 분수 주위를 걸으면서 즐겼다.

상트 페테르부르크는 표트르 대제와 예카타리나 여제의 집념으로 세워진 도시로 독재자의 강한 힘이 무엇인가를 남겨놓은 곳이라는 생각이 든다.

✪ 관광객을 맞는 분수 속의 여름궁전

✪ 정원의 진수를 보여 주는 여름궁전

✪ 폭포 계단과 조각상이 어우러진 여름궁전

세계 3대 박물관 에르미타쥐 상트 페테르부르크

○ 에르미타쥐 박물관에 입장하기 위해 줄을 서 있는 관광객. 지붕 위에 조각상들이 있다.

상트 페테르부르크 도시 한가운데로 유유히 흐르는 네바강변에 바로크 양식의 겨울궁전이 있다. 겨울궁전은 이 도시의 대표적인 건물이며 이곳에 에르미타쥐 박물관이 있어 더 유명하다.

연녹색 파스텔 느낌의 건물 외벽과 200개가 넘어 보이는 지붕 위의 조각상들이 독일군의 침략을 막아낸 영웅들이었는지도 모른다는 생각을 갖게 했다.

이번 북유럽 여행에서 가장 놀라운 곳은 에르미타쥐 박물관이었다.

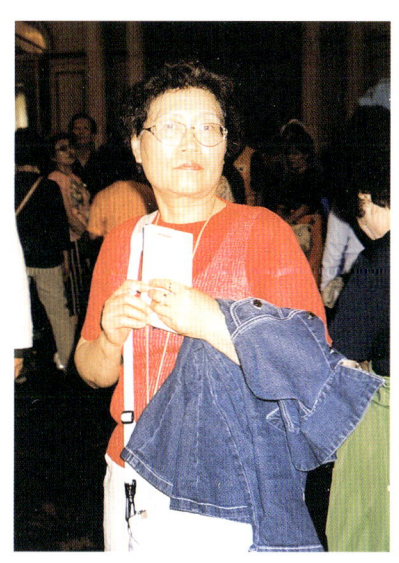

○ 에르미타쥐 예술품을 만나는 필자

루브르, 대영박물관과 더불어 세계 3대 박물관으로 꼽힌다는 것도 이번에 알게 되었다. 100여 개의 전시실에 2백 70만여 점의 작품을 소장하고 있어 이 작품들을 1분씩만 감상하더라도 약 5년이 걸린다고 하니 놀라운 일이다.

소장된 작품도 작품이지만 27km나 되는 전시실 내부의 웅장함을 어떻게 다 표현하랴?

넓은 마룻바닥은 대리석에 상감기법으로 수를 놓은 듯한 문양이 깔려 있다.

기계도 없었던 시절에 일일이 손으로 파내고 다듬어 만들었으니 그 수고로움이 얼마나 많았을까? 내부 벽들은 분홍색, 흰색, 연녹색

○ 손가락을 입에 가져다 대는 아무르 (팔리코네. 1757)

대리석으로 조화를 이루었고, 형형색색의 아름드리 기둥도 모두 대리석 원석들로 세워졌다.

겨울궁전을 다 지을 때까지 전국에 대리석 건축물을 금지시켰었다고 한다. 영하 20도가 넘는 바깥 추위에도 대리석 조각품들이 잘 붙고 빨리 건조시키기 위해 실내온도는 80도 이상의 온도를 유지시키면서 작업을 하였다고 한다.

각지에서 차출당한 6천여 명의 인부들이 매일 노동에 혹사당하여 탈진하거나 기아에 쓰러져 죽어가는 사람이 많았다. 산과 들 어느 곳을 파도 그 당시 희생 당했던 노동자들의 뼈가 나왔다고 한다. 오죽하면 '흰 뼈들 위에

○ 예카타리나 여제가 탔던 황금마차

○ 에르미타쥐 예술 작품

세워진 도시'라는 이름이 붙여졌을까?

　에르미타쥐의 소장품은 1741년부터 모으기 시작했으나 본격적으로 미술품을 모으기 시작한 것은 18세기 여제 예카타리나 2세였다. 그녀는 세상에서 가장 아름다운 예술품을 사들여 에르미타쥐(프랑스어로 은자의 집)에 감춰 두고 남몰래 혼자 감상하면서 즐겼다. 독일 출신인 그녀가 남편인 표트르 3세를 무너뜨리고 즉위 2년 되던 1764년 독일로부터 2백 25점의 명화를 손에 넣었다. 겨울궁전 옆에 별관을 세워 미술품을 이곳에 소장하여 일하는 사람의 출입마저 금하는 비밀의 은자의 집을 마련하였다.

　예카타리나 여제는 1852년경 처음에 제한된 사람에게만 자신의 소장품을 감상하도록하면서 몇 가지 규칙을 정하고 어기면 벌을 내렸다고 한다.

　1. 칼, 모자, 모든 사회적 지위는 문 밖에 두고 온다.

　2. 파벌, 양심도 문 밖에 두고 온다.

　3. 옆사람에게 방해 안 되게 조용히 담소한다.

　4. 미술품 앞에서 하품을 하지 않는다.

　5. 미술품 앞에서 한눈 팔지 않는다. 등.

○ 〈공작시계〉 18세기 후반 영국 코크스의 메카니즘

○ 레오나르도다빈치의 〈마돈나와 아기 예수〉

규칙을 한 번 어기면 찬물을 마시고 고전시 한 수를 읊게 한다. 두 번 어기면 두 수를 읊게 한다.

열 번 이상 어기면 영원히 에르미타쥐 박물관 출입을 금지시켰다고 하니 예카타리나 여제의 미술품에 대한 열정과 애정이 얼마나 컸는가를 짐작하게 한다.

에르미타쥐 박물관 입장료는 3백 루블이며 사진을 찍기 위해서는 카메라를 들고 들어가야 하기 때문에 다시 50루블을 더 주고 들어갔다.

짧은 시간에 감상한 것 중에 지금도 내 마음에 남은 것은 티티안의 〈회계하는 막달리나 마리아〉의 긴 머리와 맑은 눈물이었으며, 레오나르도다빈치의 〈마돈나와 아기 예수〉(1480년대 초반)는 다가오는 아들의 고통을 예감하는 듯이 애절한 눈으로 부드럽게 응시하는 마돈나의 모습이 인상적이다. 〈손가락을 입에 가져다 대는 아무르〉를 제작한 팔리코네는 18세기 프랑스 최대의 조각이다. 이 작품은 그 시대에 유행하던 조각상 중에서 가장 유명한 것으로

○ 〈가브리엘 천사〉 성상. 러시아 미술관에 있는 가장 오래된 작품으로 (12세기) 회화의 백미(白眉)라 불리운다.

104

알려졌다. 〈돌아온 왕자〉 ― 1660년대 말 렘브란트작 ― 도 퍽 인상적이다. 무릎을 꿇고 있는 왕자를 포근히 감싸고 있는 아버지의 두 손이 다른 것으로 보아 하느님을 상징하는 것 아닌가 하는 생각을 해보았다. 진심으로 회개하는 우리를 언제나 받아주시어 사랑으로 껴안아 주시는 하느님!

예카타리나의 미술품에 대한 남다른 애호와 전시실을 꾸미는 예술에 대한 감각으로 지금에 와서는 예술을 애호하는 러시아 국민을 위한 재정의 큰 수입원으로

⊕ 까잔대성당 성당. '무서운 심판'의 일부(18세기)

그 당시 혹사당한 대가를 톡톡히 받고 있다는 생각을 하면서 걸작 뒤에는 큰 희생이 숨겨져 있음을 다시 깨닫게 되었다.

서너 시간에 걸쳐 휙 둘러 보고 느낌을 쓴다는 것은 말이 안 되는 일이다. 지금도 아쉬움이 남는다면 3일간이나 이 도시에 머물면서 에르미타쥐 박물관에서 예술품을 감상하는 시간이 너무 짧았다는 것이다. 자연이 이루어낸 네바강의 여유로움과 다양한

건축물은 물론이고 4만 6천여 평방미터나 되는 에르미타쥐 공간을 산책하면서 문화의 결정체로 형성된 세계사를 볼 수 있는 곳이니까.

에르미타쥐 박물관에서 나온 뒤 까잔대성당과 상트 페테르부르크를 돌아보았다.

⊕ 상트 페테르부르크에서(박종현 주간)

105

톨스토이 생가와 묘소를 찾아

◑ 〈회개하는 막달라마리아〉 〈티티안 작. 1560년대) 아름다운 속죄
자는 희미하게 빛나는 색감의 모자이크로 매우 강렬하고 열정적인
뉘우침의 순간을 보여 준다〈에르미타쥐 소재〉

상트 페테르부르크서 모스크바로 가
기 위해 22시에 야간열차를 탔다. 열
차는 2층 침대가 마주 놓여 4명이 함
께 쉴 수 있었는데 1층을 양보하고 2
층에 올랐더니 어찌나 좁은지 떨어질
까 봐 몹시 겁이 났다. 야간열차여서
밖의 경치를 볼 수 없어서 안타까웠
다. 안전띠를 묶고 누웠더니 금방 잠
이 들었나보다. 깨어 보니 다 왔으니
내리란다. 입은 채로 잤기 때문에 눈
을 뜨자마자 가방만을 끌고 기차에서
내릴 수 있어서 다행이었다.

모스크바에서 220km 떨어진 톨스토이의 생가에 가기
로 하였다. 버스 안에서 조용한 시간을 갖고 헤아려보
니, 집을 떠나온 지 여드레째 되는 날이다. 텔레비전도
뉴스도 신문도 전화도 없이 편안하게 시간 가는 줄도
모르고 잘 지내고 있다. 이런 맛으로 여행을 하게 되는
것 아닌가.

톨스토이 생가는 모스크바에서 멀리 떨어져 있기에

백조의 호수 ◑

◆ 백조의 호수 발레의 한 장면(알렉산드라 극장)

일반관광객은 잘 가지 않지만 우리 일행은 문인들이기 때문에 그곳은 꼭 가보아야 할 곳이었다. 남러시아 툴라시 외곽의 '라스나야 폴랴나' 라는 어려운 발음은 '빛나는 숲 속 공지' 또는 '빛나는 뜰' 이라는 뜻을 가지고 있다. 톨스토이 공작의 집은 55,000평에 4개의 호수와 자작나무 숲을 가지고 있는 넓은 뜰이다. 입구에 조그마한 호수가 있고, 수양버들이 있는 것은 우리와 아주 친하게 느껴졌다. 조금 들어가니 흰색을 칠한 2층 구조의 집이 있었다. 생가인 줄 알았더니 생가는 왼쪽 마당 130년 된 고목들만 무성

◆ 뾰뜨르 차이코프스키 묘비(박종현 주간)

◆ 도스토예프스키 묘비(필자)

러시아 안내자의 설명을 듣고(한국 안내인이 설명한다)

한 터에 있었다.

톨스토이가 가장 오래 살았다는 하얀집 1층은 문학관 겸 접견실이었다. 36년간 2,000여 권의 책을 모았다. 이곳 벽에 걸려 있는 커다란 검은 가죽가방은 문학활동 관련의 모든 우편물을 주고 받았던 우편함의 구실을 했던 것으로 어린이 서넛이 들어앉을 만한 크기로 보아 그의 왕성한 문학 활동을 엿볼 수 있었다. 18세기에 사용하던 시계는 6시 5분을 가리키고 있었다. 이 시각은 아침 시간인데 톨스토이가 임종한 시각이다.

응접실에는 큰 딸, 작은 딸, 톨스토이, 부인의 커다란 초상화가 나란히 걸려 있었다. 거의 방마다 초상화가 걸려 있는데 사실주의 화가 랩빈이 그렸단다. 서재에는 아버지로부터 물려받은 집필할 때 쓴 책상이 있었는데 작으만 했으나 손때가 묻어 있었다. 서재에는 작은 의자가 놓여 있었다. 말년에는 눈이 안보여 이 의자에 앉아 불러주면 아내가 받아 적은 적도 있었다. 서재에는 녹음기, 아령도 있었다.

침실을 들여다 보았더니 침대 위에 작은 책상이 놓여 있다. 그렇게 침대 위에 앉은뱅이 책상을 놓고 글을 쓰기도 했다고 한다.

톨스토이는 이곳에서 전쟁과 평화, 안나 카레리나 등의 명작을 모두 집필하였다. 그

톨스토이 문학관 안내판

톨스토이 도서실

❍ 톨스토이 문학관

가 쓰던 모든 것들은 검소하고 조그만 했으나 그의 사랑을 많이 받았고, 애지중지 아끼던 물건임을 알 수 있었다.

아내 소피아가 만든 화단에는 예쁜 꽃늘이 관광객을 반기고 한때는 가족이 많아 식사시간을 종으로 알렸고, 체육관, 식당도 따로 있었다.

다음은 묘소를 찾기로 하고 자작나무 숲을 걸어 찾아갔다. 아! 그 자작나무 숲 속, 길과 같은 평지에 풀로 덮인 조촐한 묘소. 우리 나라에서 흔히 보는 이름 없는 그런 묘소. 다르다면 직사각형에 가까운 모양이라는 것. 그것이 톨스토이의 묘소란다. 나는 상트 페테르부르크에서 이미 석조의 초상화와 아름다운 조각과 묘비가 잘 어우러진 도스

트예프스키와 차이코프스키의 묘소를 보고 왔다. 당연히 톨스토이 묘소도 그러리라 생각했었다. 나에게 신선한 충격이었다. 아무리 그의 최후의 유언을 따랐다 하더라도 뒤에 후손들이 묘표 하나 없이 조형물 하나 없이 이렇듯 자연 그대로 지속돼 내려오게 할 수 있단 말인가. 후손들도 대단한 분들이란 생각을 하면서 저절로 고개가 숙여지고 숙연해졌다.

톨스토이는 장녀와 주치의를 데리고 집을 떠나 방랑의 여행길에서 1910년 10월 29일 숨을 거두었다.

함께 여행한 분의 시를 여기에 올린다.

❍ 식사 시간을 알리는 종(나무에 걸려 있음)

109

톨스토이 묘소에서
　　　박 종 현

모스크바에서 2백 20킬로미터 떨어진
빛나는 들, 야스나야폴랴나 마을.
톨스토이 나고, 자라고 묻힌 자리
하늘은 맑고 푸르른데.

톨스토이 탄생 1백 75년 맞는 2003년
러시아 문화부 '톨스토이 기간' 선포.
'톨스토이 땅과 하늘' 을 주제로
유품과 작품들을 전시하는데,

'전쟁과 평화' 를 쓴 대문호 톨스토이
전집 1백권 발간 작업 시작되는 해
톨스토이 흔적 가득한 생가 박물관
집필실 · 도서실 · 자료실 돌아보는데,

하얀 자작나무숲 길 한참 걷다가
길 옆에 있는 흙무덤, 톨스토이 묘소.
길이 2미터 높이 30센티 직사각형
초라한 묘소에 잔디는 싱싱한데,

◆ 톨스토이 묘소를 찾아가며(박종현, 진을주, 민기 시인 작가)

혼자 잔디 위에 놓여 있는 꽃다발
묘비 · 문학비 · 흉상도 없는 묘소
묘소 앞 길바닥에 앉아 사진을 찍었는데
톨스토이 마음도 찍었는데,

◆ 톨스토이 묘소에서
　(필자와 박종현 주간)

크렘린궁과 레닌 묘소를 찾아

러시아의 역사를 가진 모스크바는 시가지가 수목의 연륜처럼 환상으로 발전하였다. 환상 시가지의 핵이 되고 있

❂ 크렘린 궁이 있는 붉은 광장 (붉은 벽돌 성벽이 보인다)

는 것이 크렘린이다. 크렘린을 중심으로 시가지의 주요 간선도로가 크고 작은 환상도로와 방사상 도로망으로 뻗어 있다. 크렘린 궁이 있는 붉은 광장은 소련시대에 가장 아름다운 광장이며 역사 박물관, 도서관, 대성당 등 역사적인 건물에서부터 현대적인 건물로 가득 차 있어 볼거리가 너무나 많았다.

크렘린 성벽 안에 있는 레닌의 묘소를 찾았다. 들어가기 전에 줄을 서서 기다리는데 줄이 300m 쯤 되었을 것이다. 기다리는 동안에 예쁜 러시아 여인이 그려진 목각인형을 샀다. 인형을 열면 그 속에

❂ 최초 우주비행사 가가린 동상은 엄청나게 높다

○ 스탈린 양식의 모스크바 대학

작은 인형, 열면 또 작은 인형 식으로 열 개의 목각인형은 러시아 어디서나 볼 수 있는 특산품이다. 각종 뱃지가 가득 붙은 스탈린 모자도 샀다. 줄을 서 있는 동안 소지품 단속을 계속하며 카메라도 들고 가서는 안 된다고 한다. '왜 이리 엄하게 야단들일까?' 라는 생각을 하며 크렘린궁 지하층의 어두컴컴한 곳을 들어가면서 깜짝 놀랐다. 살아 있는 레닌이 반듯이 누워 있는 것 같았다. 마치 살아 있는 사람을 보는 듯했다.

크렘린 광장의 남단에 있는 바실리 사원은 1555년에 착공하여 6년만에 완성하였는데 이반 대제는 아름다움에 탄복하여 더 이상 아름다운 사원을 짓지 못하게 하기 위해 설계자의 두 눈을 뽑았다는 이야기가 전해진다. 바실리 사원은 높은 8각형의 첨탑을 중심으로 4개의 다각탑과 4개의 원탑 등 9개의 탑이 잘 어우러진 아름다운 사원이다.

모스크바 시가지에 들어서면서 가장 인상적인 것은 스탈린 양식의 건축물이었다. 사방에서 보아도 같은 모양으로 보이는 뾰족탑 모양인 이 건물들은 주로 연예인 아파트이거나 외무성, 호텔, 모스크바 대학 등이라고 한다.

자전거나 택시들이 눈에 띄지 않고 자가용 승용차가 많는데 이 승용차가 택시 영업을 하고 있다고 한다. 자가용 소유자들은 전 공산당 간부들과 신흥 마피아 조직이라고 한다. 사유 재산을

○ 아르바이트의 거리

112

● 아르바이트 길가 가게

축적할 수 있었던 계층과 새로이 불법으로 재산을 소유할 수 있는 신흥조직들이 부를 누리고 있었다. 인력시장을 지나갔는데 그곳에는 코카사스계와 중앙아시아인의 불법 체류자들이 하루 일당을 받고 힘든 노동 일을 해결해 준단다.

아르바이트 거리에서 푸쉬킨 동상을 만났다.

'영혼의 아름다움과 절규'를 그의 시속에 승화시켰다는 푸쉬킨을 세계적인 문호 톨스토이는 '러시아 문학의 가장 위대한 주인'이라고 크게 격찬하였다.

음울한 황야를, 나는/걷는다./황폐한 영혼이 괴롭다.//여섯 날개의 천사가/방황하는 나의 앞에 나타나/꿈결처럼/가벼운 손길로 내 눈을 쓸어주면//예언하던 나의 눈동자는 /놀란 독수리의 눈처럼 번득인다.// 〈푸쉬킨의 '예언자' 전문〉

아르바이트 거리는 젊은이들이 추앙하는 한국계 요절가수 빅토리아 최가 근거로 삼은 곳으로도 유명한 거리이다. 러시아는 어디를 가나 화장실이 귀하다. 헌 버스를 이용한 화장실에서는 1불을 주고 볼 일을 본 적도 있으나 대부분은 1불로 두세 사람이 같이 사용하기도 한다. 아르바이트 거리에서는 맥도날드에서 자유롭게 화장실을 사용할 수 있어서 다행이었다. 모스크바의 지하철을 타 보았다. 지하 100~150m였는데 무게를 분산시키기 위해서 깊이 팠다고 한다. 40년대에

● 박물관이라고 불리는 모스코바 지하철

❖ 백조의 호수 옆에 있는 노보데비치 수도원 (그림)

건설하였으나 견고한 대리석으로 꾸며져 있어서 견고하고도 아름다웠다.

레닌 구릉에 있는 모스크바 대학은 최고의 높은 곳에 위치해 있는데 학문의 경지가 가장 높음을 상징하기 위해서이다. 레닌 구릉의 길거리에서는 관광객을 대상으로 하는 골동품을 파는 곳이 많았다.

❖ 무명용사의 광장

노보데비치 수도원을 찾았다. 모스크바 강 가까이 있으며 전쟁 중에는 요새의 역할을 겸했다. 각종 종교행사와 이름 있는 분들이 묻혀 있어서 유명하고 또 하나는 차이코프스키의 '백조의 호수'가 작곡된 배경이기 때문에 유명하다. 지금도 호수에는 백조가 노닐고 있었다. 50대 초반의 키가 큰 여자가 그림을 그리고 있어서 수도원이 그려진 그림을 한 장 샀다.

러시아 정교의 총 본산이며 러시아 목각인형의 원산지인 자고로스키 사원을 찾았다. 솟아나온 물을 받으려고 물병을 샀다. 사원

❖ 자고로스키 성당

부근에서 점심을 들었다.

토마토와 오이를 잘게 썬 사라다와 쇠고기수육에 홍당무가 든 스프에 메뉴는 감자에 쇠고기찜에 아이스크림과 커피로 끝나는 요리였다. 점심은 기분

⚓ 레닌묘소가 있는 크렘린궁

좋게 들었다. 저녁에는 서커스를 관람하였다. 옵션으로 50불을 더 주고 보았는데 모두가 관광객들이었다. 관광객들의 주머니를 털기 위해서인 것 같은데 가이드의 장난도 심하여 씁쓸하였으나 발레와 접목된 것 같아 재미있었다.

　　레닌 묘소에서
　　　　박 종 현

모스크바 중심 크렘린궁 옆
삼엄한 광장의 긴 줄에 서서
모자 · 뱃지 · 기념품 달러로 사고
입장을 기다리는데,

오는 말, 가는 말 생각이 달라
안내원을 데려가고, 안내원은 찾아오고
카메라 있나 가방 조사를 받고
묘소를 찾아가는데,

관광객 쳐다보는 군인의 눈빛
말 소리도, 신발 소리도 없이
붉은 광장 앞 커다란 궁전
줄줄이 들어가는데,

일층 · 지하층 이어가며 찾아본
레닌 얼굴 그대로 레닌 미라.
눈 · 귀 · 입 · 코 그대로 레닌 미라
눈빛이 반짝이는데,

레닌 동상 대부분 없어지고
레닌그라드가 샀트 페테르부르크가 되었어도.
수많은 관광객 바라보는데
레닌 미라도 바라보는데,

　　감사합니다
　　안 종 완

박 종 현

예술과 낭만과 자유의 도시 파리

◑ 베르사유궁 박물관 정원

한여름이었지만 14박 15일 예정으로 프랑스, 이탈리아, 요르단, 인도 4개국 해외여행을 앞두고 가슴은 설레이기만 했다. 처음으로 여권이라는 것을 쥐어 보고 국제선에 올라 미지의 세계를 향해 떠날 수 있기 때문이다.

드디어 1984년 8월 10일 밤 9시 20분. 비행기는 캄캄한 밤하늘을 날아서 10시간 만에 알래스카의 앵커리지 공항에 도착하였다. 앵커리지 공항에서는 비행기의 급유와 승무원의 교체를 위해 한 시간 이상 지체하였다.

공항 밖으로는 나갈 수 없었지만 공항 대기실 2층 베란다에서 황량한 알래스카의 벌판을 바라보기도 하고, 1층에서 특산품들을 구경하기도 하였다.

❍ 박물관을 찾는 관광객

알래스카는 원초적인 신비의 자연과 싱싱한 태초를 그대로 느낄 수 있었다.

다시 KAL기에 탑승, 내서양 북안을 횡단하여 장장 10시간의 비행 끝에 샤넬 드골 공항에 도착하였다.

에스컬레이터를 타고 대기실로 나와 회전으로 돌아가는 벨트 위의 짐들을 찾아, 대기하고 있었던 여행사의 버스에 올랐다.

파리도 여름이었지만 아침 공기는 싸늘하였다. 파리 주변의 전원 풍경은 그 동안의 피로를 말끔히 씻어 주었다.

파리 중심가에 자리잡은 몬트팔마스 파크 호텔에 여장을 풀기 위해 로비에서 수속을 밟는 중, 늘씬한 흑인 미녀들과 뚱뚱한 아랍 미녀들의 떠드는 소리를 들으니 국제 도시에의 입성이 더욱 실감난다.

같은 방을 쓰게 되는 작가와 한국인이 경영하는 오아시스 식당에 갔다.

그 동안 KAL기내에서 양식과 한식을 번갈아 가며 몇 끼를 먹었는데 한국식당에서 드는 한국식 점심은 별미

❍ 파리시가

119

○ 박물관

였다. 식사를 마치자마자 우리는 강행군을 시작했다. 파리에서의 체류 일정이 3박 4일 뿐이었기 때문이다.

외국에 도착하여 제일 먼저 할 일은 방문국의 돈으로 바꾸는 일이었다.

8월은 휴가철이었고 더구나 그 날은 토요일이어서 여행자를 위해서 환전해 주는 곳은 샹젤리가 부근의 한 은행뿐이었다. 차양으로 드리운 은행에는 세계 여러 나라에서 온 여행자들이 큰 길의 보도까지 줄을 서 있었다. 마음은 바쁘지만

우리들도 줄을 서서 돈을 바꾸고 나가는 수만큼 안으로 들어갈 수가 있었다. 은행은 우리 나라와는 달리 야트막한 계산대가 있고, 안 벽쪽에는 캐비넷들이 놓여져 있어서 은행원들과 부담 없이 대화를 나눌 수 있었다.

달러와 서류를 은행원에게 건네고 프랑이 나오기를 기다리고 있는데 내 뒤에 서 있었던 작가가 나를 쿡 찌르며 앞을 보라고 하였다.

같은 행원인 듯한 두 남녀가 캐비넷 앞에서 부둥켜 안고 그야말로 감동적인 키스를 나누고 있었다. 같은 행원들은 뒤쪽이니 볼 수가 없지만, 우리 여행자 4, 50여 명이 보고 있는

○ 박물관

⬆ 에펠탑

앞에서 스스럼 없이 키스를 퍼부어대고 있었다. 동양의 도덕군자 나라에서 간 우리들은 대낮의 불살스러운 모습을 보며 어안이 벙벙할 수밖에 없었다.

환전을 끝내고 시내 관광에 나섰다. 콩고느 광장, 샹제리 거리, 개선문, 노틀담 성당 등을 감탄을 연발하며 돌았다.

신의 섭리는 태초로부터 공정하게 정대하지 못했는지, 이 지구상에는 서로 다른 종족, 언어, 문화, 풍습, 환경을 만들었다. 이와 같은 다채로움이 다양성과 조화를 이루는 일이라고는 할 수 있지만, 살기 좋아 맑은 곳, 살기 어려워 어두운 곳을 만들어 같은 인류에게 차별을 준 것은 사실이니까.

파리는 인류가 만들어 놓은 가장 아름다운 예술, 문화, 자유, 사랑의 도시였다.

가는 곳마다 세계에서 모인 여행자들이 줄을 짓고 있는 파리는 온 시가지가 거대한 예술품이었다.

그 많은 것, 그 아름다운 것 중에서 우리에게 하나만이라도 있다면 하는 부질없는 생각까지도 나오게 하는 파리는 아름다웠다. 서양의 여러 나라 사람들이나, 중동의 아랍인이나, 아프리카의 흑인들이 마음껏 활개를 펴고 시내를 활보하는 파리는 그야말로 국제도시였고, 인류의 전시장이 되었다.

⬇ 도로 위에 그려져 있는 모나리자

121

그 중에서 많은 파리의 시민들은 여름 휴가철을 맞아 해변으로 산간으로 휴양을 떠나고 방문자들만 아름답게 조각으로 수놓여 진 파리의 역사와 문화에 취해 있었다.

파리의 첫날 밤, 세계에서 가장 화려하고 다채로운 프로의 리도쇼를 보기 위해 의견을 함께 하는데

⬆ 개선문

많은 이야기들이 나왔다. 파리에 와서 못 보고 가면 후회될 것이라는 강요와 여행에서 오는 다분히 감미로운 감정 때문에 단체관람, 단체비용으로 낙착이 되었다.

우리들은 서둘러 정장을 하고(정장을 안하면 입장 불가라고) 리도쇼를 하는 극장에

⬆ 몽마르트 언덕

들어갔다. 쇼가 시작되자 180cm가 넘는 늘씬한 금발 미녀들이 젖가리개도 하지 않고 쭉쭉 다리를 뻗어 춤을 추는 모습은 매혹적이고 호화로웠다.

그 무대의 분위기와 무희들의 의상 때문인지 탄력 있는 유방들을 드러내놓고 춤을 추어도 추하거나 상스러운 기분은 들지 않았다. 뿐만 아니라 2시간 이상의 관람시간에 거대하고 다채로운 묘기들은 감탄 속에서 박수를 연발하게 하였다. 맥주를 마시면서 관람할 수 있는 장소였기 때문에 또 울상을 지으며 한두 잔씩 마시기도 하였다.

○ 화가 밀레의 생가

둘째날은 퐁텐불로궁 박물관, 화가 밀레의 생가가 그대로 보존되어 있는 발비종, 베르사이유궁 박물관을 관람하였다.

퐁텐불로궁과 베르사이유궁 박물관의 그림과 조각들은 화려하였고 거대하였다. '만종, 이삭 줍는 여인'을 그린 밀레 생가는 아직도 밀레의 문패가 그대로 붙어 있고, 밀레가 앉았던 의자들이 그대로 놓여 있어서 우리들은 밀레의 의자에 앉아서 사진을 찍고 떠들며 웃었다. 밀레가 그림을 그렸던 발비종은 아름다운 전원으로 나무 숲이라던가, 푸른 들녘이 시골 풍경 그대로였다.

밀레의 전시회가 우리 나라에서도 있었기 때문에 늙은 안내원은 우리들에게 여러 가지로 친절하게 밀레를 설명해 주었다. 평야지대의 넓은 농촌은 여행자에게 포근함을 안겨 주고, 도시의 탁한 가슴이 말끔히 씻기는 기분이었다.

그날 밤에는 유람선을 타고 세느강을 돌면서 다리와 노틀담 성당과 에펠탑과 깅변의 긴 축물들을 보며 밤의 낭만에 젖었다. 특히 파리의 밤은 쉽게 어두워지지 않아서 밤의 풍경은 아름다웠다.

○ 밀레의 작품 감상

그 다음날은 루불 박물관, 몽마르트 언덕, 성심의 성당, 오페라 거리 등을 관람하였다. 아름답고 의젓하고 늠름하고 오색이 찬연한 파리의 건물을 보면서, 대통령이 사는 엘리제궁의 총 없는 보초들을 보면서 사진기의 셔

◐ 성당 앞

터를 많이도 눌렀다. 그리고 지친 몸으로 호텔에 돌아왔다. 그러나 파리의 마지막 밤을 그대로야 보낼소냐. 샹제리의 극장에서 9년째 롱런하고 있는 '엠마뉴엘 부인'이냐 그 유명한 '물랑루즈'냐를 두고 여러 의견이 나왔다가 우리들은 작가의 경험을 위해 극장을 찾기로 했다. 한 극장에서도 1호실, 2호실, 3호실마다 상영되는 필름이 달랐지만 우리가 알 게 뭐람. 아무것이라도 보자고 찾아 들어갔다.

파리는 발랄한 젊음이 넘치는 곳, 빛나는 예술이 숨 쉬는 곳, 평화롭고 자유로운 곳이었다.

그러나 3박 4일의 짧은 파리 여정으로는 남대문의 기둥만 보고 남대문을 보았다는 얘기나 되지 않았는지?

그러니 아직도 나에게 파리는 미지의 도시요, 상상의 도시일 수밖에.

◐ 유현종, 김지연 소설가와 필자(우측부터)

사랑과 고적의 도시 로마

⊙ 페트로 성당 및 광장

1984년 8월 14일 파리의 호텔에서 새벽 5시에 일어났다.

8시 35분 파리 드골 공항을 출발, 몽블랑을 보며 로마로 날아간다.

몽블랑이란 '흰 산'이란 뜻으로 알프스의 최고봉답게 해발 4,310m라고 한다.

또 몽블랑 밑에는 큰 터널이 있는데 프랑스, 이태리, 스위스가 공동으로 비용을 부담하여 1960년부터 1965년까지 6년 여에 걸쳐 완성한 7.5마일이나 되는 세계 최장의 자동차용 터널이라고 한다.

알프스산맥을 넘으니 호수 같이 잔잔한 지중해를 볼 수 있었고, 소피아 로렌이 주연한 영화에서 보았던 이태리의 농촌 풍경을 볼 수 있었다.

그리고 얼마 후 '우수한 것 위에 우수한 것을,

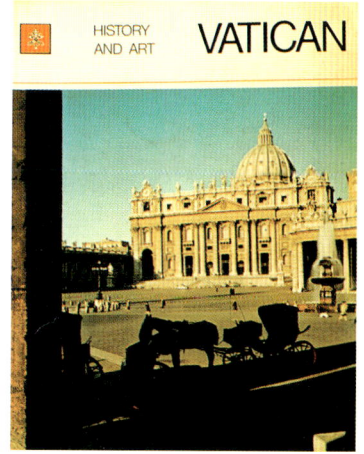

⊙ 바티칸 사진자료집

❶ 광장을 달리는 마차

완전한 것 위에 완전한 것'을 부르짖은 이태리의 위대한 심볼 다빈치를 상징하는 레오나르도다빈치 공항에 10시 35분에 정확히 도착하였다.

'사랑 없이 세계는 세계일 수 없고, 로마는 로마일 수 없다'고 읊은 괴테의 '로마 연가'를 생각하며 로마로 향한다.

로마의 여름은 우리 나라의 늦여름이나 초가을을 연상할 수 있는 기온이었다.

일행이 여장을 푼 마제스틱 호텔은 로마의 명동일 수 있는 베네토 거리의 고풍스런 조용한 호텔이었다.

호텔 식당의 웨이터들은 60세, 70세가 될 정도의 노신사(?)들로 하얀 정장을 한 채 말없이 빵과 우유와 커피를 날라다 주어 더욱 고풍스러운 곳이었다.

우리들의 첫 방문지는 가톨릭 세계의 성지 바티칸시국. 로마 시내에 있는 세계 최소의 독립국으로 넓이 44헥타르밖에 안 되지만, 교황을 가톨릭 최고권위자로 전세계 가톨릭 신자의 영혼의 고향이다.

바티칸을 상징하는 페트로 성당과 바티칸 미술관은 바티칸 역사 그 자체

❶ 바티칸 미술관

126

❶바티칸 미술관

로 조형 예술의 거대한 세계요, 인류 문화의 위대한 상징이었다.

이러한 페트로 성당은 AD 67년에 그리스도의 제자 페트로가 사형되어 그 무덤 위에 조그마한 성당이 세워진 것이 기원이 되었다.

라파엘로, 미켈란젤로 등 거장의 솜씨 속에 176년에 걸쳐 완성된 성당은 1626년 교황 우르바누스 8세에 의하여 봉납된 것으로 좌우 대칭의 균형 잡힌 공간 속에 10군데 이상의 예배당과 벽감이 있는 세계 최대의 성당으로 사방의 호화찬란한 내부 장식에 그저 눈이 휘둥그레질뿐이었다.

광활한 성전을 가득 메운 조각품과 웅장한 돔은 한없이 나를 매료시키고 있었다.

바티칸 미술관은 찬란의 극치였다. 장엄하고, 위대해서 눈부신 그림, 조각들이 천정에, 벽에, 기둥에 가득하여 사방을 휘휘 둘러보며 사진을 찍는데(못 찍게 하기도 함) 정신을 차릴 수 없게 하였다.

시간은 짧고, 볼 것은 많고, 일행은 앞으로 가고, 뒤에서는 밀려 오는 관광객 속에서 나는 너무나 바빴다.

❶ 사진자료집

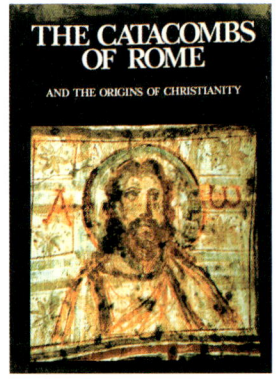
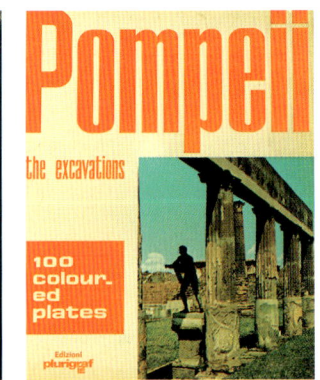

◐ 사진 자료집

　바티칸시를 나와 로마 시내의 여러 광장을 구경하였다. 지금은 어디가 어디인지 분간할 수도 없는 곳이지만, 나보나 광장, 포풀로 광장, 스페인 광장 등을 다니며 정답고 낭만적인 도시의 분위기에 흠뻑 취하고 있었다.

　도시의 광장에서는 사랑의 개방적인 여성들이 광장의 큼직한 고추들을 내놓은 남자 상들을 보며 사진을 찍고 있었다.

　어떤 여성은 고추를 만져 보기도 한다.

　시스틴 성당, 모세 성당도 장엄한 조각품들로 가득 했었다.

　돌층계가 바로크 특유의 웅장한 모습을 지닌 그 자체가 거대한 미술관이 되는, 과거와 현재가 함께 살아서 존재하는 '모든 길은 로마로 통한다' 는 로마.

　밤에는 분수가 넘치는 광장을 산책하다가, 체험 솔솔 미성년자들은 안 다닌다는 극장에서 영화 감상. 파리에서 본 것보다는 훨씬 정서적(?)이고, 품위가 있고 세련된 영화를 볼 수 있었다.

　극장 앞 광장에는 수백 명이 넘는 관광객이 분수가에 모여서 무대에서 열창하는 산타 루치아, 돌아오라 소렌토로를 듣고 있는데 극장 안은 나와 같은 쑥맥 일행과 노인네들이

◐ '진실의 집' 에 손을 넣고

○ 카타콤베 입구

몇이서 그 좋은 영화를 열심히 보았다.

'콜로세움이 있는 한, 로마는 지속되고 콜로세움이 무너질 때 로마는 멸망하며, 로마가 멸망할 때 세계도 끝난다'는 로마의 심볼 콜로세움부터는 이튿날부터의 여정이었다.

콜로세움은 플라비우스 투기장이라고도 하는데 기원 후 72년에 기공하여 80년에 완공된 로마 최대의 유적으로 직경이 187m, 둘레가 527m, 높이가 57m나 되는 타원형 운동장으로 5만 명이나 입장할 수 있다고 한다.

영화 '쿼바디스'에서 볼 수 있는 곳.

산타마리아 교회의 한쪽 귀퉁이에 있는, 거짓말 하는 사람이 손을 넣으면 손을 몽땅 끊어 먹어버린다는 '진실의 입'에 손을 넣어 보고.

로마 시내의 그 힘찬 벌거벗은 육체가 주는 감동의 걸작들을 보며 카타콤베(지하 묘소)를 찾는다.

지하 묘소에는 예배소가 있고 하랑 묘실이 있고, 조각, 벽화, 공예품의 굴 속은 너무나 복잡하여 안내자를 놓치면 길 잃은 미아가 된다고 한다. 카타콤베에서는 기독교도들의 비밀 집회와 예배를 보기도 했는데 길이가 20km에

○ 성벽

🔃 폼페이 유물

깊은 곳은 12m나 되는 10만 구의 유해를 수용한 규모라고 한다.

이 카타콤베는 석회 지대여서 파기 쉽고 물줄기가 없고, 시간이 갈수록 석회질이 더 단단해지기 때문에 오늘날까지 보존되어 온다고 한다.

로마 주변에 자그만치 53개 카타콤베가 있다고 하니 지하의 유적에도 놀랄 수밖에 없었다.

영화 '벤허'의 촬영지로 유명한 야외극장을 지나고 쉬지 않고 다녔던 곳 로마.

파리가 우울한 잿빛이라면 로마는 향수의 갈색의 도시였다.

이튿날 일찍 트레비샘을 찾았다. 그레고리펙과 오드리헵번이 주연한 '로마의 휴일'에 나오는 '영원한 샘' '처녀의 샘'은 1735년 크레멘디 12세가 건설한 작품으로 웅장한 바위 위에 한 쌍의 백마를 두 해신이 이끄는 모습을 새겼고, 그 사이로 맑은 물이 용솟음치게 만들었다. 세계 여러 나라에서 온 관광객들은 반드시 트레비샘을 찾는다. 그리고 어깨 너머로 트레비샘에 동전을 던진다. '다시 로마에 오게 해 달라'는 기원과 함께.

동전은 햇빛에 반짝이며 코발트 빛으로 매혹적인 트레비샘 바닥에 떨어진다. 그것을 보며 관광객

🔃 폼페이 유적

들은 사진을 찍으며 웃음을 나
눈다. 트레비샘을 구경하고 나
폴리로 향했다. 로마에서 나폴
리까지의 거리는 4백여 리로 흔
히 '태양의 가도'로 불리워지고
있다. 로마의 마지막날이라 우
리 일행은 '오솔레미오', '산타
루치아'를 부르며 우리 민요들

❍ 폼페이 광장

을 생각나는 대로 모두 부르며 가도를 달렸다.

'나폴리를 보고 죽어라' 할 정도의 오랜 역사와 생명을 유지해 온 나폴리.

바다는 주옥같이 아름다웠다.

나폴리에서 '돌아오라 소렌토로'로 우리에게 잘 알려진 소렌토까지의 해안은 '해안
을 따라 가는 세계에서 가장 아름다운 산책로'라고 한다. 해안의 절벽은 호텔이 줄을
잇고, 코발트빛 바다에는 하얀 배들이 물거품을 남기며 다니고 있었다.

나폴리에서 멀지 않은 폼페이는 AD 79년 8월 24일 갑자기 일어난 베스비오 화산의
폭발로 도시 모두가 화산재에 묻히고 말았다. 그 후 1600년의 세월이 흐른 뒤, 한 농부
가 밭에서 청동과 대리석 파편을 발견한 이래 발굴이 시작되어, 1860년경부터는 조직
적으로 발굴을 진
행, 5분의 3이 발굴
되었다.

발굴된 모습에서
공공 광장을 중심으
로 공동 목욕탕, 극
장, 레스토랑, 유곽,
돌포석을 깐 횡단보
도의 흔적이 그대로
남아 있다.

❍ 소렌토에서

○ 트레비샘에 동전을 던진다

성을 상징하는 그림과 조각, 낙서 등을 보면서 인류의 영원한 욕망의 발자취를 보는 듯했다.

베네트 거리는 큰 가로수들이 줄지어 있어서 아늑하고 서늘하였다. 거리에 거대한 조각품들로 장식된 바로크 건물의 아름다움은 고대와 현대가 이어지고 있어서 역사의 영원함과 찬란함을 느낄 수 있었다. 사흘 밤 동안 로마 시내의 광장에 나와 무대 위에서 로마인들이 열창하는 이태리의 민요 '오솔레미오'와 '돌아오라 소렌토', '산타루치아' 등을 들으며 박수를 보냈다. 여행자들과 함께 어울려 이태리의 민요에 취해 있는 광장에는 의자들과 테이블이 놓여 있고, 맥주를 팔고 있어서 로마의 밤은 더욱 흥취가 있고 향기로웠다. 풍부한 감성과 낭만 속에서 삶을 즐기는 로마인들. 콜로세움, 트레비샘, 카타콤베 등의 수많은 역사적 유물과 바티칸, 베드로 성당, 바울 성당 등 세계적인 성당에 종교적인 조각과 그림이 휘황찬란하도록 가득하여 그들의 행복하고 풍요한 관광 자원이 되고 있었다.

로마의 마지막 밤.

보도로 나온 카페 테라스에서 피자를 먹으며 와인을 마신다.

아름다움에 대한 이태리인의 고유의 천성을 부러워하고, 섬세하고 예민하게 본능적으로 예술을 사랑하는 이태리인을 생각한다.

사막의 박물관, 요르단의 페트라

◐ 요르단 노천극장에서 한국문인.

1984년 8월 17일 늦은 시간 오후 6시. 요르단의 수도 암만에서 4km 떨어진 아리아 국제공항에 발을 딛고 있었다.

아리아는 요르단 후세인 왕의 아내 아리아 왕후의 이름을 딴 공항의 명칭이라고 한다.

한 명의 남자가 아내를 네 명까지 둘 수는 있지만 그 중에서 한 여자만 특별히 사랑해서는 안 되고, 똑같이 평등하게 사랑해야 된다는 이슬람 규범도 절대권력의 왕에게는 통용이 되지 않았는가? 요르단 왕의 아내 이름인 아리아 국제공항.

석양에 발을 딛는 아리아 국제공항은 기관총을 들고 서 있는 요르단 군인으로하여 우리 일행들은 스산함을 느끼게 하였다.

'여행은 나의 정신을 항상 젊게 한다'는 안데르센의 자서전을 떠올리고, 서울을 출발하기 전 요르단의 입국 비자발급을 받았지만, 입국이 거절되면 어쩌나 하고 가슴이 조마조마하였다.

삼엄한 공항의 분위기는 이스라엘과 국경을 접하고 있고, 많은 팔레스타인이 무리

지어 살고 있는 중동의 한복판의 일이라 이해할 수 있다고 하더라도, 자기 나라를 찾아간 승객들을 향한 기관총의 총구를 보고는 이역의 땅에서 싸늘함을 느끼게 하였다.

요르단에 있는 우리 나라 대사관과 현지 해외 건설업

❍ 요르단의 전통 민속품

체에 이미 연락이 되어서, 마침 대사관 직원과 건설업체의 지사장이 나와서 공항의 관리들에게 충분한 설명을 하였다. 입국수속을 마치자 요르단 입국은 쉽게 이루어졌다.

공항 밖으로 나오니 초가을처럼 서늘하여 무더운 사막의 열기로 가득할 것이라는 생각들을 지워 주었다.

요르단은 국토의 대부분이 고지대여서 낮으로는 덥지만 밤으로는 시원하다고 한다.

요르단은 북쪽은 시리아, 북동쪽은 이라크, 동남쪽은 사우디아라비아에 접해 있고, 요단강의 서쪽은 이스라엘이고 동쪽이 요르단이라고 한다.

국토의 5분의 4가 불모의 산이라 중동의 사막에서 가장 가난한 나라지만, 그러나 광물자원이 풍부하고 요단강 유역에서 야채와 바나나가 재배되어 수출을 한다고 한다.

대기하고 있는 버스에 올라 암만시의 앰버서너호텔까지 달리니 한 시간 가량 걸렸다.

❍ 양떼를 모는 요르단 유목민

호텔 2층 지정된 방에 여장을 풀고 샤워를 하였다. 물을 담는 탕은 없었다.

잠시 후 앰버서더 1층에 있는 한국식당 '한국관'에 들어서니 김치와 불고기와 술이 기다리고 있었다. 삼환기업 요르단 지사장의 만찬이었다. 오랜만에 우리 음식과 술을 들면서 새벽 1시 반까지 즐겁게 어울렸다.

이튿날은 글로만 읽었던 죽음의 바다 '사해'를 찾아 해수욕을 하고 바닷돌을 줍기도 하였다. 일행 중에는 해수욕 팬티도 없이 평소의 팬티바람으로 첨벙첨벙 바닷속으로 뛰어들자 너도나도 둥둥 뜨는가 보자고 옷들을 벗고 물 속으로 뛰어들었다. 좋은 해수욕장은 못 되어 바다 밑은 뻘이 많았고 바닷가도 모래보다는 자갈투성이었다.

사해에서 나와 평야지대인 가나안 땅의 젖줄 요단강을 찾아갔다. 요단강에서 발도 씻고 세수도 하였다. 요단강은 작은 냇물이 흐르는 강이었지만 중동의 사막에서는 축복 받을 만한 강이었다. 강 건너편 철조망에서는 이스라엘 군인들이 우리들 일행에게 가까이 오지 말라는 손짓을 하였다.

요단강에서 다시, 출애굽하여 이스라엘 백성을 이끌고 가나안 땅을 찾아오다가 끝내 강을 건너지 못하고 모세가 숨을 거두었다는 시나이산을 멀리서 보며 사진을 찍는다.

물도 없고 나무도 없는 황무지의 사막은 종교가 크게 발전할 수밖에 없는 곳이었다. 종교의 힘이 없이 그런 사막에서 살아가기란 너무 힘이 들 것이다.

그리하여 중동의 역사는 아브라함, 그리스도, 마호메트 세 사람의 이름으로 집약되고 유태교, 그리스도교, 이슬람교라는 3대 유일 신교가 성장해 신의 축복을 받았던 땅이기도 하다. 하지만 신으로부터 주어진 중동의 가나안 땅은 과연 지상의 낙원이었을까.

◆ 사해의 해수욕장에서 필자(오른쪽)

○ 요단강 1)

이 요르단 여행 중에서 가장 강렬하고도 인상적인 곳은 사막의 바위산 안의 옛 도시 페트라였다. 사막의 바위 구릉에 숨겨져 있던 석굴 도시 페트라는 삶의 경외스러움을 주는 역사적 유적지였다. 요르단의 수도 암만에서 262km 떨어져 있어서 봉고차로 4시간이나 걸리는 곳이었다.

사막의 포장도로를 따라 달리는 차창 밖은 삭막한 풍경뿐이었다.

요르단의 사막은 광활한 모래더미 산으로 벌판이 아닌 척박한 자갈투성이 땅이었다. 군데군데 말라비틀어진 풀들이 돋아나 있고, 언뜻언뜻 유목민이 놓아 기르는 양떼들이 길가를 뛰어다녔다.

불볕 사막인데도 서늘한 바람이 불어서 그렇게 많은 땀은 흘리지 않고 사막의 석굴 도시 페트라에 도착할 수 있었다. 페트라는 BC 5세기경에 고대 아랍 종족인 나바티안 족이 건설한 도시로 페트라란 '바위'라는 뜻이고 성서에는 SELA로 기록되어 있다고 한다.

바위 속의 도시 페트라는 동서를 잇는 실크로드의 오아시스로, 중국에서 로마로 통하는 무역 중계지였다. 그러나 AD 5세기경 로마군이 점령하여 페트라 시민은 전멸되었고 도시는 폐허가 되고 말았다.

그런 뒤로 1,300여년간

○ 요단강 2)

바위 속의 페트라

외부로 알려지지도 않고 지도상에서 사라진 도시가 되고 말았다. 그런데, AD 1812년 스위스 탐험가 Burkhdt에 의해 발견되고 상형문자들이 해독이 되면서 세상에 그 모습이 알려지게 되었다.

1,300여년 동안이나 외부 세계에 알려지지 않았기 때문에 페트라는 오히려 현대에서 고대를 볼 수 있는 원형이었다.

그래서 요르단 정부에서는 지금도 개발하지 않고 그대로 두고 있다고 한다.

밖에서 보면 바위로 된 구릉이지만, 안으로 들어서면 병풍으로 에워싼듯한 공간이 있는 천연의 요새지였다.

입구에서 페트라로 들어가는 길은 2km정도로 폭은 5~6m정도이고, 높이는 30~50m정도의 절벽 사잇길이다.

물론 자동차는 다닐 수 없게 되었고 자갈과 돌덩이 사이를 걸어서만 다닐 수 있기 때문에, 입구에는 관광객을 위해서 원주민 안내인들이 말을 타고 갈 수 있도록 수십 마리의 말을 대기시켜 놓고 있었다.

열대의 햇빛과 바람으로 검게 탄 얼굴이나 남루한 옷들이 원주민들의 가난을 잘 설명해 주고 있었다.

모세 소년이 끄는 말을 타고 험한 절벽이 사잇길을 따라 30분 정도 들어가니 외딴 분교 운동장만한 공지가 나타났고, 정면의 바위산에 기둥을 깎아 세운 신전이 있었다.

신전을 주위로 사방은 병풍

말을 타고 가는 페트라

절벽이었고, 그 절벽 사이로 푸른 하늘이 넘쳐 흐르고 있었다. 신전의 벽에는 십자가가 새겨져 있었는데 한때 로마군과 십자군이 주둔했기 때문이라고 한다.

병풍 같은 바위산 여기저기에 수백 개가 될 집(방)들이 만들어져 있고, 사람들이 죽어서 묻힌 무덤들도 모두 바위를 파고 만들었다.

조금 아랫쪽으로 내려가니 노천극장, 놀이터, 시장터 등이 있었고 돌로 놓은 보도가 크게 놓여 있었다.

절벽을 수평으로 이어가며 만든 수로는 페트라의 높은 문화와 건축, 조각 기술의 상징이기도 했다.

페트라의 수도관이 이처럼 발달한 것은 도시 안에 물이 없어 50km나 떨어진 외부로부터 물을 끌어와 먹었기 때문이었다.

⚫ 페트라에서 말을 타고 가는 필자

그러나 이런 천연의 요새지 페트라 시민들은 로마군에게 10여 년 동안 끈질긴 항쟁을 하였다. 그러나 로마군이 이 수도관으로 흘러오는 물줄기를 찾아 차단했기 때문에 멸망하고 말았다고 한다.

바위 속의 수없는 집과 무덤들을 뒤로 하고 다시 말을 타고 돌아오니, 타바티안족의 페트라 시민의 원혼이 사방에서 떠올라다니는 듯했다.

폼페이가 인간의 영화와 환락의 유적지라면, 페트라는 인류의 원한과 애련의 유적지라고 할까.

⚫ 바위 속의 신전

다양성과 융합의 인도

◐ 한국문인이 호텔에 도착하자 꽃목걸이를 걸어주며 환영한다

중동 사막 지방의 무덥고 긴 여름날.

1984년 8월 20일 오후 1시. 요르단의 암만 국제공항을 이륙한 비행기에서 사우디아라비아 반도의 사막 지대와 페르시아만의 검푸른 바다를 내려다 볼 수 있었다.

사우디아라비아의 북부 상공을 지난 비행기는 기내의 청소를 위해 바레인 공항에 잠시 기착했다가 카타르의 도하 국제공항에 둔중한 몸을 착륙시켰다.

아랍에미레이트와 카라치(인도)를 거쳐 목적지인 인도의 델리로 가는 비행기로 갈 아타기 위해서였다. 도하 공항에서 대기하는 4시간은 무료했다. 그 동안 나는 중동 몇 나라의 코인을 모으느라 1달러씩 두 번을 교환하였다.

밤 9시 35분 카타르 도하 공항을 출발하는 비행기에는 석유가 나오는 중동의 일터에서 노무자로 일하다 고국으로 돌아가는 많은 인도인들이 탑승하고 있었다. 커다란 라디오들을 모두들 하나씩

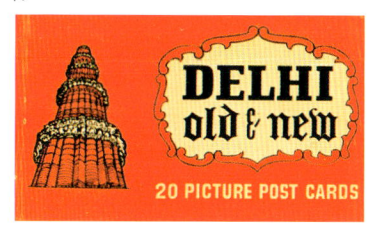

◐ 관광사진첩

든 채.

새벽 5시, 도마뱀이 공항의 천정에서 곡예를 부리며 기어가고 있는 델리 국제 공항에 도착하였다. 아프리카에서 온 인도인들이 자기들 나라에 왔다고 앞장을 섰고, 총을 든 군인들이 여권과 비자를 조사하는 삼엄한 분위기였으므로 멀찌기 서서 차례를 기다리는데 한국 대사관 공보관이 나와서 안내를 하였다.

짐을 찾아 들고 나와 공항 밖에 대기하고 있었던 관광버스에 올랐다. 새벽

◐ 간디의 묘소

이었지만 열대의 공기는 후덥지근하다. 푸른 나무와 잔디로 뒤덮힌 시가지를 40분쯤 달려서 델리 중심가의 하이야트 호텔에 도착하니 종업원들이 꽃목걸이를 걸어 주면서 환영을 하였다. 호텔로 오면서 버스의 차창 밖을 내다보니 길가의 풀밭에서는 돗자리만 펴놓은 채 인도인들이 여기저기서 잠을 자는 모습이 보였다.

주민등록이 제대로 되어 있지 않아서 인구가 7억인지 8억인지 조차 헤아릴 수 없는 나라. 인간의 최상의 호화로움과 최상의 가난함을 함께 지니고 있으면서도 순응해 살고 있는 큰 나라.

뿐만 아니라 인류의 아름다운 세계와 추한 세계가 함께 융합하는 다양성의 나라. 전근대와 초현대가 함께 숨쉬며 뒤범벅이 된 역사의 나라.

이런 나라의 첫 방문은 풀밭에서 잠을 자는 인도인들을 보면서 나는 조금은 우수에 젖어가고 있었다.

종교적 신앙으로 소를 받들고, 소는 시바신이 타는 것, 소는 시바신의

◐ 간디 묘소 앞의 여인

⊙ 여인의 옷차림

화신으로 힌두교도들은 믿는다. 직장이 없고 먹을 것이 없어도 불평불만이 없고, 노랗게 영양실조된 얼굴에서도 눈빛은 반짝이고 있다. 그리하여 인도인들은 마음에 천국을 갖고 있다.

인도의 수도 델리는, 옛날 무우갈 왕조시대부터 내려와 고대의 유적이 산재하고 있는 올드델리와 영국이 식민통지 중 행정수도로 건설한 뉴델리가 있다.

거대하고 장엄한 도로 옆에 있는 국회의사당, 종합청사 등의 건물과 흑적색의 성벽, 자마, 실버스트리트, 간디 묘소 등을 돌아보며 오묘하고 신비스러움에 한껏 취해 본다.

파리나 로마의 유적들이 밖으로 화려하고 웅장하다면, 인도의 유적들은 안으로 오묘하고 신비스러워 경이롭다고 할까. 장례식에 인도 국민 300만 명이 모였다는 간디 묘에는 항상 꽃이 놓여 있고 항상 촛불이 켜져 있다고 한다.

우리 일행도 간디의 묘소를 참배하기 위해 수십 미터 앞에서 신발을 벗어 보관하고 양말 바람으로 묘소까지 걸어갔다. 묘소에는 인도 각지에서 몰려온 참배객들이 줄을 잇고 있었다. 새까만 머리와 눈, 하얀 이와 빨간 입술이 건강미가 넘치는 적갈색 피부의 여성들이 배와 배꼽을 내놓고 참배하고 있었다. 사리라는 인도 고유의 한 장의 천으로 된 옷을 입어 허리와 배의 곡선이 넘치는 모습은 매혹적이었다.

이마는 반듯하고 콧날은 우뚝해서 이지적인 여성들이, 내놓고 있는 배와 배꼽

⊙ 뱀을 보며 피리를 부는 소년

141

의 신선함은 아름다웠다. 이마에 붙인 빨간 점, 반짝이는 목걸이, 팔걸이, 귀걸이, 발걸이를 하고 호텔에 나온 인도 상류층 여인들도 사리를 하고, 남자들의 눈길을 끌고 있었다.

델리에서는 달러를 루피(인도의 화폐)로 교환하여 사용하였다. 프랑스에는 프랑, 이태리에서는 리라로 바꾸어 사용하였지만 그 나라의 화폐가 없을 때는 달러로 통용이 되었다. 그러나 인도에서는 값싼 물건들을 사기 위해서는 계산이 복잡하여 루피를 소지하는 것이 편리하였다.

델리에서 끈끈하고 후덥지근한 여름밤을 새우고 이튿날인 22일 아침 7시 30분 인도 국내선에 탑승하여 아그라로 향하였다.

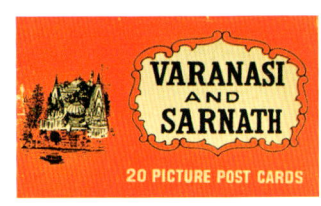

● 관광사진첩

아그라는 옛날 무우갈 제국의 수도로, 가장 호사스러운 사랑의 묘당, 가장 아름다운 사랑의 묘당, 가장 아름다운 백색의 건조물, 인간이 상상할 수 없는 조형미의 극치 타지마할이 있었다. 아그라의 쉴튼호텔에 들어서니 현관에서는 코끼리, 낙타, 삼륜차, 택시 등을 두고 관광객을 유혹하고 있었다.

지정된 방에 짐을 옮겨 놓고 세계 7대 불가사의 중의 하나인 회교 묘당 타지마할과 아그라 요새, 화트프르시크리와 시내 관광에 나섰다. 차창 밖으로 보이는 인도의 넓은 들, 거대한 인도의 사상은 무엇인가를 생각해 본다.

우리 나라를 아시아의 등불이라고 읊은 인도의 시인 타고르는, '영원한 자유는 사랑 속에 있고 위대한 것은

● 타지마할 1)

142

작은 것 속에 있다'고 노래하였다.

인도 독립의 아버지 간디는, '인간의 육체에는 음식이 필요하지만, 인간의 영혼에는 기도가 필요하다'고 말했다.

사랑의 상징 타지마할은 무우갈 제국의 샤자한(세계의 황제)이 뭄타즈 마할(왕비 중의 제1인자)을 위하여 22년간의 공사 끝에 준공한 회교

○타지마할 2)

식 묘당이다. 멀리서 보면 건물 전체가 하얗게 눈부시고, 가까이서 보면 붉고 푸른 정교한 무늬들이 황홀하기만 하다.

건물 정면에는 긴 연못이 반듯하게 있어서 새벽의 동이 틀 때, 한낮 햇볕이 내리쬐일 때, 저녁 노을이 질 때, 밤에 달빛이 비칠 때 각각 다른 분위기가 형성된다고 한다.

타지마할은 뭄타즈 마할이 36살의 젊은 나이로 14번째 아이를 낳다가 죽자, 샤자한은 왕궁에서 바라보이는 쟈무나 강가에 터를 잡아 아름다운 묘당을 지었다고 한다.

건물에 장식할 보석을 구하기 위해서 대상들을 여러 곳에 파견하여 비취는 중국이나 이집트에서, 루비는 버마에서, 진주는 다마스커스에서 구해 왔다. 그리고 건축가는 페르시아에서, 조각가와 보석 세공사는 프랑스, 이태리에서 초빙해 왔다고 하는데 내부장식에 쓰인 진주만도 10,000개, 동원된 노예만도 20,000명이나 되었으니 그 규모와 호사스러움에 놀랄 만하다.

묘관에 새겨진 아라비아 문자로 쓰인 비문은 '신은 영원하시며, 신은 완전하도다'라고 새겨져 있는데 영원한 두 사람의 사랑을 완전은 저승에서익 두 사람의 결합을 암시한 것이라고 한다.

아그라에서 낮과 밤을 보내고 이

○타지마할 묘당

143

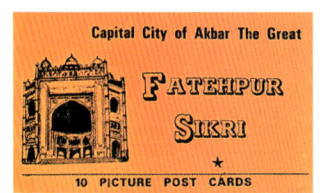

❶ 관광사진첩

틑날인 23일 오전 8시 30분 바라나시로 향하는 비행기에 올랐다.

바라나시는 우탈프라데시주 남동부에 있는 갠지스강가의 옛 도시로 힌두교의 7대 성지의 하나. 1,500여 개의 사원이 있는 시바신앙의 중심지이다.

시바(창조와 파괴의 신) 신을 믿는 힌두교도들은 갠지스강의 성스러운 물에 목욕을 하면 이 세상의 잘못이 속죄가 되고, 죽은 뒤 갠지스강에 던져지면 죽어서 극락으로 간다고 믿는다. 힌두교도들은 죽음이 가까워지면 먼 곳으로부터 이곳 갠지스강으로 찾아온다. 그래서 바라나시는 거지와 병신들이 득실거린다고 한다.

파리나 모기조차도 죽이지 않고 도를 닦으며 먹을 것이 떨어지면 조용히 죽음을 기다린다. 그래서 인도에서는 수백만 명이 기아로 굶주리면서도 소를 해치지 않는다.

때문에 1억 5천만 마리의 소와 4천만 마리의 물소가 인도에서는 평화롭게 살며 거리를 활보하고 있다.

뿐만 아니라 인도인들은 인간이 죽어서 다시 태어날 때는 동물로 태어난다는 윤회사상이 마음 속에 가득하기에 앞으로도 인도에서는 소의 천국에 변함이 없으리라.

바라나시에서 서쪽으로 300km 떨어진 사원의 미투나(남녀합환)상 조각은 유명하다고 한다. 힌두교의 찬트라 사상에 의하면, 남녀의 결합은 인생 최고의 이념인 해탈의 경지에 도달하고, 그리하여 사랑은 인간의 이상이며 종교의 상징으로 부끄러운 것이 아니었다. 남녀간의 육체적인 교합은 노동, 식사, 기도 등 다른 일상 생활의 영

❶ 도시의 거리

144

○성곽

위와 완전히 같이 취급되었다.

9세기부터 13세기에 이르기까지 중부 인도와 북부 인도를 지배했던 찬트라 왕들은 수도에 힌두교와 자이나교의 사원을 80여 개나 세우고 찬드라 조각 예술을 상징적으로 만들었다. 그러나 찬트라 왕조는 이슬람 세력의 침략을 받아 멸망하고 사원들은 우상을 싫어하는 이슬람 교도에 의하여 파괴되었다. 그러다가 19세기경에 재발견된 사원이 22개로 이곳에서 찬트라 사상의 조형물들이 발견되었다.

인도의 에로티시즘은 카주라호의 미투나상 조각뿐 아니라 기원전 1,500년경부터 성전인 베다가 만들어졌었다. 유명한 카마수트라(성애의 성전)를 비롯하여 중세 인도의 서사시 속에서도 관능적인 묘사는 상징적으로 자주 나온다고 한다.

바라나시의 북쪽에는 불교의 성지 사르나드가 있고, 석가가 다섯 명의 비구니에게 진리를 설파하였다고 하는 녹야원(사슴의 동산)이 있다.

사실 불교가 인도에서 개교되었고 석가가 인도에서 설법했으나 인도는 대부분 힌두교도이고 그 다음이 이슬람교이며 불교도는 얼마되지 않는다고 한다. 어느 나라든 관광 명소나 유적의 대부분이 종교와 관계가 있지만 인도처럼 실제로 종교가 살아 있는 곳은 없을 것이다.

어느 나라를 가더라도 성지라고 불리워지는 곳은 많겠지만 인도는 정말 성지가 많은 나라이고 어떤 도시 어떤 마을이나 힌두교 사원, 이슬람교의 사원이 눈에 띈다.

관광 명소도 성채, 왕궁, 왕릉을 제외하면 종교의 유적이 대부분이다.

확실히 인도는 종교의 나라요 정신의 세계일 것이다. 너무나도 정신적이어서 무엇이든 신과 종교로 돌려버리는 인도는 다양한 문화의 혼돈 속에서도 통일과 자유를

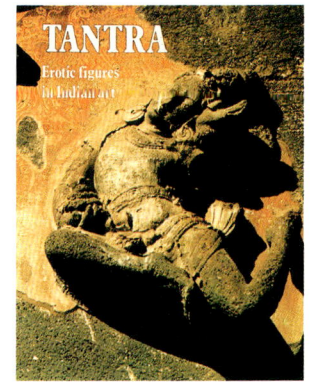

○ 갠지스강

향유하고 있다. 큰길 가장자리를 유유히, 비좁은 골목을 어슬렁어슬렁 걸어다니는 소들의 풍모도 넉넉하고, 딱딱한 통나무에 손님을 앉혀 놓고 면도를 하는 이발사의 눈빛도 유연하기만 하다.

갠지스강물에서 남녀가 옷을 입은 채 목욕을 하고, 여인의 옷이 물에 젖어 육체가 훤히 들어나게 곡선을 그어도 경건하기만 하는 인도와 인도 사람들. 그들은 너무 가난하고, 그들은 너무 인구가 많아서 사는데 지쳐 있는 것 같기도 하고 종교에 정신을 집중시켜 현세에서 초월한 영혼의 세계에 머무는 듯하다. 18세기의 네팔 사원, 석가가 최초로 설법했다는 사나드 학교, 불교 사원 등의 관광을 마치고 오후 8시 델리로 향하는 비행기에 탑승하였다.

김중업씨가 설계했고, 당시 이범석씨가 인도 대사로 재직할 때 지었다는 한국대사관은 넓은 정원의 맘모스 건물이었다. 이날 밤 대사관에서는 우리 문인 일행과 인도에 온 한국의 유학생들을 초청하여 만찬을 베풀었다. 싱가포르까지 가서 비행기로 공수해 왔다는 쇠고기로 요리를 하고, 순한국식 배추, 파김치가 우리들의 밥맛을 돋구었다. 우리 대사관 건물은 그 아름다운 건축미 때문에 여러 나라의 부러움을 사고 있는데, 인도의 건축 학도들이 자주 방문하여 배워간다고 한다.

왕오천축국전을 쓴 혜초 스님처럼 인도를 다녀오지 못하고, 3박 4일을 버스와 비행기로 후딱후딱 스친 내가 1,652 가지의 다른 언어가 쓰이고, 많은 종족이 사는 인도를 보았으면 얼마나 보았을 것인가. 다시 한 번 가보고 싶다.

○ 불교 성지

날마다 무지개 뜨는 초록빛 섬 하와이

● 호놀루루공항에서 꽃목걸이를 받고

태평양 상공을 날고 있는 비행기가 일부 변경선을 넘자 동이 터오르고 날이 밝아오기 시작했다. 비행기 밖으로 내다보이는 구름이 바알갛게 노을로 빛나고 하얀 구름은 몽실몽실 피어올라 꽃구름으로 둥둥 떠오르고 있었다.

우리 나라의 시간으로는 1989년 3월 7일이 시작되는 2시이지만 하와이 시간으로는 3월 6일 새벽 6시이다.

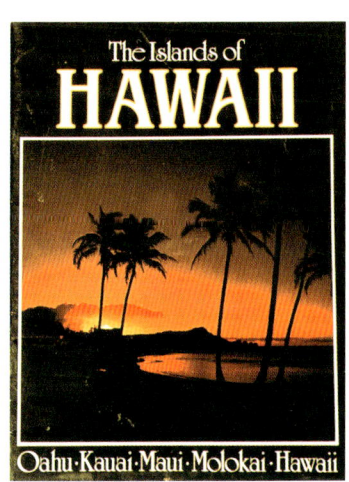

날이 밝아오자 탑승객들이 모두들 자리를 고치며 일어나고 있다. 승무원들이 자리로 날라다주는 아침 식사를 하고 나니 시간 차이는 느끼지만 아침은 아침이었다. 호놀루루공항에 도착하니 봄옷이 더워서 견딜 수가 없다. 하기야 공항에서 입국, 출

147

◐ 하와이에 대한민국이 자리잡고 있다

국을 수속하는 여러 곳에는 선풍기가 돌고 있다. (하와이는 지금이 겨울이라 한다) 공항 한편에 있는 간이 탈의실로 가서 초여름에나 입을 가벼운 옷으로 갈아 입었다. 그리고 공항에서 '알로하' ('안녕하세요, 잘가세요, 또 만나요, 사랑하고 있어요' 의 뜻이 담긴 하와이 말)를 연발하며 꽃목걸이를 걸어 주는 수영복 차림의 아가씨들과 기념사진을 찍고 여행사의 버스에 올라 관광에 나섰다. (공항에서 호텔로 직행하지 않고 아침부터 관광에 나서는 것은 하루의 숙박료를 줄이기 위해서였다.)

하와이는 서기 1,500년 경부터 사람이 살기 시작한, 지구에서 가장 늦게 생성된 땅으로 1778년 영국의 탐험가 제임스·쿡에 의해 발견되어 세계에 알려진 태평양의 초록빛 섬들이다.

하와이는 무려 138개 섬이 모여 하와이주를 이루지만 그 중에서 큰섬은 마우이, 카호홀라위, 리나이, 몰토카이, 오아후, 카우카이, 니이하우 8개로 경상북도만한 면적이다. 그 중에서 이번에 여행을 한 곳이 오아후섬으로 실제 하와이를 대변할 수 있는 섬이다. 하와이주의 주

◐ 이승만 박사의 동상

148

청사가 있고 국제공항이 있는 호놀루루시도 이 섬에 있으며 하와이주 전체 인구 100만명 중 70%가 이 섬에 살고 있기 때문이다. 다른 섬들이 깎아 지른 절벽인데 비해 이 섬은 배가 닿을 수 있는 항만시설이 천연적으로 되어 있기도 하다.

❍민속놀이 1)

우리 나라 첫 이민이 이땅에 들어오기는 1903년이었으니 우리 교민도 3만이나 된다.

중국의 200년 일본의 100년에 비해 짧은 역사이지만 교민들은 부지런하여 경제적으로나 사회적으로나 지위가 향상되고 있다고 한다. 사탕수수밭의 일꾼으로 배를 타고 찾아온 우리 이민 1세들에게 고국에서 사진만 보고 신랑을 찾아온 신부들은 눈물도 많이 흘렸다고 한다. 신부들은 20대 이전이고 신랑들은 40대 이상이었으니 머나먼 이국까지 찾아와 설움도 많았단다.

공기와 물이 맑아서 날마다 무지개가 피어오르는 이 섬은 나무가 푸르러 초록빛으로 빛나고 꽃들이 많이 피어 꽃의 천국이기도 하다. 또 이 작은 섬에 골프장이 58개나 되어 또한 골프의 천국이라고도 한다.

그래서 지난해는 관광객이 620만이나 이 섬에 찾아와 하루 평균 1만 7천~8천 명이 호놀루루공항에 내렸다고 한다.

바람이 세차게 부는 바람산(뉴아노팔리)에서는 구름이 산고개를 오르며 만들어지는 과정을 눈으로 환히 바라볼 수가 있었다.

1949년에 세워진 국립묘지 펀치볼에서는 2차대전과 한국전쟁에서 죽은 2만 5천

❍민속놀이 2)

● 해수욕장

장병의 묘비가 파란 잔디 속에 평평하게 누워 있는 것을 보았다. 서양 사람들은 묘소에 봉분을 만들지 않는 것이 우리와는 특이하게 달랐다.

중국인들의 공동묘지에는 한자로 된 비석이 높이 세워져 있고, 마찬가지로 우리 교포의 묘소도 한글이나 한자로 된 비석이 세워져 있었다.

이승만 박사의 동상이 뒤뜰에 서 있는 한인기독교회에 들러 기념촬영을 하며 먼 이국에 와서 가난하고 어려운 타국 살림에서 독립자금을 정성껏 내놓은 교민 1세들을 생각하며 눈시울이 뜨거워졌다.

교포가 경영하는 동백식당에 한식부페로 점심과 진로 소주를 마시게 되니 한결 마음이 편하고 즐겁다. 하와이는 정말 물이 좋다고 마음껏 많이들 들고 가라고 식당 여주인이 권한다. 더위라고는 할 수 없는데도 가는 곳마다 얼음물들을 마음껏 마셨다.

알라모아나공원으로 나가 기념사진을 찍고 있는데 지나가던 할머니가 다정하게 부른다. 사진을 찍어 주겠다는 것이다.

호놀루루항구를 배경 삼아 사진을 부탁했다. 순간의 인정이 한참이나 즐겁다.

먼 태평양을 바라보며 하와이의 겨울 바다에서 해수욕을 했다. 많은 사람들이 해수욕을 하고 있었다. 겨울에 비가 많이 오고 여름에는 비가 적게 오는 곳이 또 하와이다. 하와이는 봄, 여름, 가을, 겨울 없이 언제나 해수욕을 할 수 있다. 때문에 바닷가 해수욕장에 많은 사람들이 해

● 해수욕(필자)

수욕을 하며 따가운 햇볕을 쏘이고 있다.

아침에는 호텔이나 식당에서 하와이안 부페식사를 하고 점심과 저녁은 한국식당을 찾아 식사를 하였다.

밤에는 와이키키에 있는 인터내쇼날 마켓을 구경하였다. 선물가게가 집단으로 많이 늘어서 있는 큰 시장으로 관광객들이 많이 붐비는 곳이었다. 가게에서 물건을 파는 사람들의 70%가 한국인이라고 했다. 그래서 이곳 저곳에서

❖ 하와이의 나무

교포들을 만나 이야기하며 쇼핑을 할 수가 있었다.

구름을 걷어 놓은 듯 맑은 아침에 키가 껑충 크고 가는 야자나무들은 도로변을 더 아름답게 했다.

할아버지, 헐머니들도 운전을 하고 다니는 시내를 조금 벗어나 와이키키해변에 닿으니 아침부터 모래사장은 해수욕을 하는 사람들로 가득하다. 사진에서나 보아왔던 그 비키니 차림으로.

화산이 크게 폭발한 다이아몬드헤드를 지나 별장지역인 카피라인 공원을 보며 오아후섬의 동쪽으로 동쪽으로 달렸다.

❖ 칼랑카왕 동상

가장 자유스러운 나라이기도 하지만 또한 제약도 많은 나라가 미국이라고 한다. 자기 집의 페인트 색깔까지도 자기 마음대로 칠할 수 없을 정도로.

오아후섬 동쪽 카우트보이는 영화 '빠삐용'을 촬영한 곳으로 높은 절벽이 깎아지른 듯 높았다. 그 멀리 모래섬이 보이고.

하와이 주립대학 해양연구소는 바다 위에 집이 두 채가 떠 있고, 부근에 유니버살 스튜디오도 있다. 몇

● 하와이 산정

돼지는 많으나 뱀이 살지 않는 곳. 화력발전이 25%가 된다는 하와이에서 가장 긴 해수욕장인 와이마노비취를 달리며 내륙쪽으로 주름치마를 두른 듯한 병풍 같은 산들을 둘러본다. 비가 오고 바람이 부는 날은 골마다 흐르는 물이 거꾸로 날려 올라가 장관이라고 한다.

물고기조차 환히 보일 듯한 하나우마해변을 지나 산언덕을 보니 우리 나라 지도와 지도 안에 마을이 있었다. 고국에서 멀리 떨어져 나와 사는 교민들의 향수가 가슴을 뭉클하게 했다.

하와이관광의 절정은 민속촌의 민속춤이었다. 사모아, 뉴질랜드, 휘지, 하와이, 타이티, 마케사스, 통아 원주민의 춤을 각각 고유의 의상을 입은 채 고유의 춤을 호수의 배 위에서 십수 명의 남녀들이 춤을 추었다. 춤들과 노래가 각각 달랐다.

민속촌도 사모아, 뉴질랜드, 휘지, 하와이, 타이티, 마케사스, 통아 등 따로 따로 만들어져 폴리네시아(남태평양), 멜라네시아(인도네시아), 미크로네시아(미드웨이)의 풍속을 이해할 수 있게 했다.

하와이도 한때는 칼라 쿡이 나라를 세워 8대 왕조가 100년을 통치하였다고 한다.

그래서 미국에서는 유일한 왕궁이 있고, 칼랑카왕 7세의 동상도 왕궁 앞에 세워져 있었다. 일본의 공격으로 완파되어 시체와 함께 그대로 바닷속에 잠들어 있는 아리조나호 위에 박물관이 세워진 진주만을 돌아보며 호놀루루의 석양빛에 한없이 젖고 싶었다.

● 가계 상표

로스앤젤레스와 디즈니랜드

🔵 제임스 딘 동상

백인들은 확실히 책을 많이 읽고 있다. 하와이에서 로스앤젤레스로 가는 비행기 안, 백인들은 할아버지 할머니들뿐 아니라 장년, 청년들도 책을 읽고 있었다. 몇 년 전 유럽 여행 중에서도 공항에서 책을 읽는 백인들을 많이 볼 수가 있

었다. 이번에도(1989년) 도쿄에서 하와이로, 하와이에서 로스앤젤레스로 가면서도 그 것을 느꼈다. 시사잡지나 만화잡지들이 아닌 깨알같이 글씨가 박힌 책들을 읽는다. 황인들은 무료하게 앉아 있거나 눈을 감고 잠들어 있기가 일쑤인데 백인들은 책을 읽거나 글을 쓰고 있었다. 그리고 그들은 예절이 바르며 정확했다.

비행기에서 내려다보이는 로스앤젤레스의 밤 풍경은 매혹적이었다. 태평양 연안에 길게 늘어선 미국 제2의 도시 로스앤젤레스, 도로가 바둑판처럼 끝없이 길게 늘어서 있다. 도시

✿ 인기스타의 별판과 손도장, 발도장

의 전깃불도 휘황찬란한 가운데 질서있게 비추고 있다. 가로 세로 끝없이 줄을 이어서.

로스앤젤레스가 속해 있는 켈리포니아주는 인구 2천 5백만이 살고 있어서 미국 전체 인구 2억 3천만의 10/1을 넘고 있다. 그리고 차량보유대수도 1천 8백만 대나 되고 도로 정비가 잘 되어 있다.

로스앤젤레스는 인구 1천 2백만이 되어 서울 인구보다 조금 많지만 면적은 무려 11배가 된다고 하니 그 크기를 상상해 볼 만하다.

특히 로스앤젤레스는 한국인이 많이 사는 코리아타운이 있어서 음식점, 다방, 사진관, 미용실, 선물센터, 서점, 인쇄, 열쇠, 병원, 식품점, 왕대포, 주유소, 신문사 등 갖가지 한글 간판을 볼 수가 있다. 그래서인지 코리아타운에서는 이곳 저곳에 세워진 많은 한국인 교회를 볼 수 있었다.

원래 로스앤젤레스는 미국의 서부에서 금광이 발견되자 동부에서 많은 사람들이 몰려와 사막 위에 건설하였다.

그래서 가로수나 집안의 정원수나 공원의 잔디까지도 수도물을 마시고 산다.

그 길이가 서울에서 부산보다 더 긴 수원지에서 물을 끌어와 사람들도 먹고 나무들도 마시며 산다.

1개의 국제선과 3개의 국내선이 있는 4개의 공항이 있는 로스앤젤레스.

숙소는 미드타운의 힐튼호텔이었지만 식사는 한국식당에서 했다.

✿ 스타의 거리

154

억만장자 크리피스가 죽으면서 시에 기증한 그리피스 공원에는 그리피스천문대, 영화배우 제임스 딘의 동상이 있고 골프장이 4개나 있다.

유명한 허리우드는 로스앤젤레스의 길 이름으로 1911년 이곳에 영화촬영소가 들어와 유명하게 되었다. 영화제작에는 햇빛 많은 날씨와 산과 바다, 사막이 있어서 변화를 나타낼 수 있는 조건이 좋았다.

인조 대리석에 인기스타의 별판과 손도장, 발도장이 찍혀 있는 명성의 거리는 허리우드에 있어서 관광의 명소가 되고 있다.

한국인으로서는 2차 대전 중 해군장교로 복무했다가 20년 동안 영화배우로 활동했던 도산 안창호 선생의 아들 필립 안이 명성의 거리에 별판이 있다.

상상의 세계, 영원한 미완성 디즈니랜드

⊙ 디즈니랜드 1)

만화가 월드 디즈니는 매주 토요일이면 두 딸과 함께 공원에 나가 놀았다.

그런데 두 딸은 재미있게 놀고 있는데 아버지인 자신은 공원에서 할 일이 없어 너무나 심심했다. 그 때 디즈니는 두 딸에게 약속을 했다.

⊙ 디즈니랜드 2)

●디즈니랜드 3)

언젠가는 어린이와 어른이 함께 놀 수 있는 곳을 만들겠다고. 딸들이 자라서 어른이 되었지만 그 약속을 지켜 만든 것이 바로 오늘날 어린이보다 오히려 어른들이 좋아하는 디즈니랜드다.

월드 디즈니가 디즈니랜드를 만들어 개막식을 할 때 미국의 전 대통령 레이건이 배우시절이었을 때 사회를 보았다.

그러나 허허벌판에 만들어진 디즈니랜드는 문제점 투성이었다.

●디즈니랜드 4)

신문들은 악평을 쓰기도 했다. 그래서 디즈니는 디즈니랜드를 영원한 미완성이라고 말하고 해마다 문제점을 고쳐나갔다. 디즈니랜드는 그리하여 해마다 모습을 달리하며 해마다 발전해 나가고 있다.

로스앤젤레스 부근에 있는 디즈니랜드는 9만 7천 평의 7개 지역에 걸쳐 있어서 모두 구경하려면 3일이나 걸린다고 한다.

만화가의 상상력의 세계는

●디즈니랜드 5)

○ 디즈니랜드 6)

풍부하여 지금은 1년에 천만명이나 찾아와 하루에 3만명이나 모인다. 그리하여 엄청난 돈을 벌었지만 모든 수익금은 디즈니랜드의 발전과 사회에 환원된다. 제2의 디즈니랜드는 미국의 마이애미, 제3의 디즈니랜드는 일본에 있고, 제4의 디즈니랜드가 지금 프랑스에 세워지고 있다고 한다.

'동화 나라의 마을', '모험의 나라', '강', '서부의 날', '고스트타운', '미래의 나라', '달세계 여행' 등 많은 곳이 온 가족이 즐길 수 있는 곳이다.

○ 디즈니랜드 7)

기차가 다니는 철로가 있고, 배와 잠수함이 다니는 호수가 있으며 '유령의 집'이 있고 해적선의 이야기가 모두 실제와 같이 연기하는 동굴의 킹이 있다.

모험, 상상, 미래의 꿈이 디즈니랜드에 있다.

한·일 아동문학 교류를 위한 행사

1991년 3월 22일부터 27일까지 나카무라 오사무(한국아동문학연구자) 씨의 주선과 안내로 박홍근 선생과 함께 한·일 아동문학교류를 위한 기회를 갖었다. 22일

❍ 박홍근, 시카다 싱, 박종현, 나카무라오사무 선생

저녁 김포공항을 출발하고 보슬비가 내리는 나고야공항에 도착했다. 이튿날 아침 나고야역에서 하라무라(나가노현)으로 향했다. 하라무라에서는 동화작가인 시카다 싱 선생이 우리들의 도착을 기다리고 있다.

❍ 시카다 싱과 담소하는 박홍근 선생

○ 하라무라 공원

그는 1928년 일제시대의 서울에서 태어났다. 이조실록을 연구한 그의 아버님(경성제대교수)의 연구자료는 고려대 도서관에서 발견되어 서울에서 간행되었다. 경성제대예과 학생 때 일본의 패전을 맞이한 그는 독립만세를 외치는 데모에 혼자서 참가했다. 그 때 건국준비위원회에 소속하는 한국인 급우에게 발견되어서 '여기는 너 같은 일본 사람이 올 데가 아니다. 돌아가라!'고 들었던 체험이 그 후 그의 작가활동의 원점이 되어 있다.

일본에서는 45년의 패전을 계기로 해서 '반전' 아동문학(주로 원폭 · 공습 · 학동 소개 등 일본이 전쟁에 의해서 받은 피해를 그리면서 평화의 소중함을 호소하는 문학)이 융성하게 되었다. 그러나 식민지 지배를 비롯한 아세아침략(일본이 타국에 가한 피해)을 부정적으로 그리면서 민족을 초월한 우정을 호소하는 '반침략' 아동문학은 융성하지 않았다. 그런 상황 속에서 그는 자기 체험을 토대로 한국을 무대로 한 '반침략' 소년소설을 계속 써왔다. 주된 작품으로써는 '무궁화와 모젤' (72) '무궁화와 9600' (73) '국경 (3부작' (86~89) 등이 있다.

눈이 아직 남아 있는 하라무라 (해발 1500m)에 도착해보니 선생 내외가 웃는

○ 한 · 일 아동문학심포지엄(통역 · 나카무라 오사무)

○ 복권을 받고 선물을 받다

얼굴로 맞이해 주었
다. 23일부터 24일에
걸쳐서 '시카다 싱 저
작 50권 기념파티'가
열리는 것이다. 백 명
가까운 손님들이 축하
하러 온단다. 3시부터
일본의 동화작가와 평
론가와 박홍근, 박종
현 선생님들 넷이서

한 · 일 아동문학심포지엄(사회;시카다 선생, 통역;나카무라 오사무)이 베풀어졌다. 백
여 명의 일본 중부아동문학 회원이 강당을 메우고 경청했다. 저녁부터는 떠들썩한 파
티가 시작되었다.

　다음날은 눈이 쌓인 머나먼 산맥들(2,700m급)을 바라보면서 고원의 대자연을 마음
껏 즐겼다. 바베큐로 작별을 아쉬워한 후 우리들은 중부아동문학인들과 헤어졌다. 우
리는 도오쿄오로 향했다. 25일에는 일본아동문학자협회를 방문했다. 일본을 대표하는

동화작가인 이마니
시 수케유키 선생
(23~), 나가사키겐
노수케 선생(24~),
그리고 연구자인 가
미 쇼오이치로오 선
생(33~, 바이카여
자대 아동문학과 교
수)이 인사하러 와
주었다. 이 이외에
협회국제부에 소속

○ 하라무라 공원

◐ 하라무라 공원

하는 나카오 아키라씨, 기도 노리코씨, 교포동화작가인 변기자씨, 원정미씨 등도 참가해서 이야기도 나누고 식사도 나누었다. 이마니시·나가사키양 선생의 작품들 속에는 교포를 주인공으로 한 유명한 작품이 있다. 그리고 나가사키 선생은 민화연구회 회원들과 더불어 작년에 방한하였단다.

26일에는 신칸선으로 코오베에 가고, 박홍근 선생이 한국 역사를 연구하는 나카무라 오사무씨의 친구들을 위하여 강연을 맡아주었다. 이 강연회에는 오오사카에서 활약 중인 교포동화작가들이나 동시인이 참석하고, 밤에는 환영회를 가졌다.

한·일 아동문학교류는 작년부터 겨우 움직이기 시작했다. 이 작은 새싹이 앞으로 무럭무럭 자라나는 것을 진심으로 원하고 있다. 그러나 교류를 막는 장벽이 하나 있다고 지적하지 않을 수 없다.

그것은 작가의 생명이라고 부를 수 있는 작품 자체를 서로가 모른다는 장벽이다. 이 장벽이 제거되지 않는 한 참된 교류는 진전하지 않을 것이다. 이번 여행 중에서도 그것을 몇 번이나 생각했다.

◐ 교포작가 변기자씨의 통역으로 필자는 일본 아동문학가와 대담

161

민족의 성지, 백두산 천지

● 백두산 천지 1)

민족혼의 발원지로 가슴 깊이 담고 있는 백두산 천지를 찾아가는 여행은 계몽아동문학회원들과 일행이 되어서 즐거웠다.

1995년 8월 6일 비행기를 타고 베이징에 가고, 다음날 베이징에서 옌지까지 가면서 민족의 성지인 땅을 보기 위해 마음은 들떠 있었다.

옌지에 도착해서 점심을 들고 호텔에 짐을 맡긴 뒤, 비가 왔지만 두만강을 찾아갔다. 다음날 백두산 천지를 향해 출발하였다. 그러나 우리 민족이 많이 살고 있는 옌볜 조선족자치주에서는 백년만에 내린 폭우라는 말처럼 길이 끊어지고 무너져서 백두산에 가는 길은 쉬운 길이 아니었다. 일행이 탄 버스나 다른 버스들도 가지 않고 도로에 서서 물이 다소라도 빠지거나 버스가 가기를 바라며 몇 시간을 운전기사만 바라보는 형편이었다.

그런 중에서 마침내 큰 물이 넘쳐 흐르는 길을 버스로 달려 백두산에 가까운 이화백

◐ 백두산 천지 2)

화마을에서 저녁을 먹고 미인종진관 호텔에서 밤을 세웠다.

새벽 5시 30분에 일어나 6시에 아침을, 7시에 백두산을 향해 아침 길을 버스로 달렸다. 차창밖으로는 때때로 비가 내리고 가는 길은 멀어 2시간 가까이 달려 처찌주봉에 올라가는 차표 파는 곳에 도착하였다. 비가 그치고 날씨도 맑아지고 있었다.

백두산은 비가 오거나 안개가 끼고 눈이 내려 2백 70여 일은 백두산에 올라가도 천지를 제대로 볼 수 없다고 하였다. 지프차를 타고 포장도로를 여러 차례 회전하면서 빠른 속도로 달려 백두산 천지에 올랐을 때는 비도 오지 않고 안개도 끼지 않아 정말 다행스러운 시간이었다.

수만년 전부터 오늘날까지 끊임없는 기상으로 든든하게 가득차, 천지는 우리 민족의 아픔과 슬픔을 담고 있고, 앞으로의 원대한 희망과 이상을 담고 있는 성스러운 곳이었다.

천지는 흰구름이 가득하고, 밖으로는 기암 절벽이 서 있어 천지는 맑고 푸르고 아름다운 황홀한 성지였다. 그러나 우리 땅이 아닌 중국 땅에서 민족의 성지를 보는 마음은 초라하고 슬픈 일이었다.

천지는 16세기부터 세 차례에 걸쳐 화산폭발을 하였다. 처음은 1597년 8월, 두번째는 1688년 4월, 세번째는 1702년 4월이었다. 천지는 우리 나라에서 화산폭발로 이루어진 가장 큰 호수다. 수면의 높이 해발 2,194m, 남북 길이 4천 8백 50m, 동서 길이 3천 3백 50m, 제일 깊은 수심은 3백 70m, 평균 수심

◐ 백두산 천지 3)

◐ 길거리를 다닌 차(?)를 타고

2백 4m, 저수량 20억 톤으로 한국, 중국의 경계로 압록강, 두만강, 송화강의 발원지가 되고 있다.

백두산 천지를 보며 오랫동안 있고 싶었지만 지프차가 기다리는 시간은 30분이었다. 그리하여 지프차가 떠나기 전에 내려와야하기 때문에 천지를 보며 여러 곳에서 사진을 찍고 차 있는 곳으로 내려왔다.

천지의 물이 넘쳐 폭포가 된 장백폭포를 보고 사진을 찍으며 바라보았다. 그 곳에 가서 온천목욕(시설이 되어 있다고 함)도 하고 더 자세히 보고 싶었지만, 오후 4시까지는 옌지의 모임 때문에 빨리 가야 될 형편이었다. 그러나 옌지 도착 시간은 9시가 넘어서였다.

버스를 타고 옌지로 가면서도 큰물이 넘치는 길에 많은 버스들이 가지 못하고 도로에서 기다리고 있었다. 운전기사는 버스가 언제 움직일지 모르기 때문에 다른 길로 달려 옌지로 간다고 했다.

이렇게 애쓰며 백두산 천지를 보았어도 3분의 1만 우리 땅으로 되어 있다니 가슴이 아프고 슬픈 일이었다.

육당 최남선은 「백두산 관찰기」에서 이렇게 개탄하였다. 이런 이유들로 장엄하고 숭고한 백두산 천지를 중국 땅에서 보고 중국 땅에서만 있다가 온 것이었다.

민족의 성지 백두산은 2천 7백 44m로 관광이 가능한 시기는 7월~9월이고 관광피크인 8월에는 하루 1천여 명이 천지

◐ 해란강

에 오르고 있다.

구름과 안개가 순간적으로 걷히며 천지의
모습을 드러냈다가 다시 안개 속으로 숨어버리
는 천지는 신비로운 곳이었다.

지프차를 차고 내려올 때는 다시 안개가 가
득 천지 쪽으로 오르고 있었다.

백두산 정상에는 화산폭발로 나무들이 없
고, 초원이 되어 풀만 가득 자라고 있었다. 남
의 땅을 통해 올라갈 수밖에 없는 백두산 천지,
슬픈 일이다.

❂ 윤동주 시비

민족의 얼이 가득한 땅.

늘 아픔과 어려움을 딛고 일어서는 우리 민족의 얼이 끈끈하게 배어 있는 땅을 찾아
가고 있었다. 고조선 시대부터 뿌리를 내리기 시작, 고구려 발해에 이르기까지 민족혼
의 뿌리가 가득한 땅이라 울적한 마음으로 찾아갔다. 빼앗긴 조국을 되찾기 위한 항일
독립투쟁의 정신이 서린 피와 격정의 땅이었다.

그 곳에서 소수민족 중의 하나인 우리 민족은 조선족 자치주를 형성하고 타고난 근
면성과 뛰어난 자질로 각 분야에서 높은 수준을 유지하며 살고 있다. 그리하여 옌벤대
를 비롯, 옌벤의 의과대학, 농업대학, 조선족대학이 있고 옌벤대에는 조선족 학부생만
도 2천여 명이고, 대학원생도 2백여 명이 된다. 한결같이 우리의 전통문화에 관한 원
형을 보존하여 중국사회에서도 작
은 조선문화를 발전시키고 있다.

❂ 백두산 천지 입구

민족의 옛 땅이 옌벤자치주에는
벽화, 왕릉비 등 선인들의 숨결이
남아 있고 인구 2백 11만명이 이
중에서 조선족은 85만 4천명으로
약 40%를 자치하고 있다. 그리고

❶ 두만강

중국에 살고 있는 조선족 2백만 명 동포 중 43%가 옌벤주에 살고 있다.

개방 시범도시인 옌지시에는 조선족이 특히 많이 살고 있고 전체 인구 32만명 중 조선족이 20만명을 차지하고 있다. 옌벤은 말 그대로 중국의 변경에 있다. 길림성 동남부에 위치해 있고 동쪽은 구 소련 연해주의 핫산지역과 남쪽은 두만강을 경계로 북한의 함경북도와 양강도 등과 각각 국경을 접하고 있다.

일송정, 해란강, 대성중(용정중) 모아산, 말발굽산, 접경 도시인 도문시에서 두만강에 가면 북한 땅이 보이고, 동쪽으로 흐르는 두만강물을 오래도록 바라보았다. 두만강을 파랗고 맑게만 생각했었는데 폭우가 내려 흙탕물로 흐르고 있었다. 두만강 너머 북한 땅을 바라보며 울적한 마음으로 비를 맞으면서도 망루에 올라가 단체사진도 찍고 개인사진도 찍었다.

두만강을 오고가면서도 묘소를 볼 수 없어서 가이드에게 물었더니 이곳은 사람이 죽으면 화장을 한다고 했다. 산이 깨끗하고 조용하여 좋았지만 화장을 한다는 것은 슬픈 일이기도 했다. 다음날 많지는 않았지만 몇 묘소를 볼 수 있었는데 최근에는 묘소를 쓸 수 있다고 하였다.

두만강변에서는 우리 돈을 그대로 쓸 수 있었고, 여인들은 카드나 뺏지를 보이며 1천원을 부탁하기도 했다.

우리말을 잘하는 상점의 점원들은 모두 동포들이었다.

이번 여행에는 우리의 현실에 대해 더 많은 생각을 하며, 새롭게 나가야 할 때라고 마음을 가다듬었다.

❶ 두만강(북한과의 경계)

중국 만리장성과 자금성

● 베이징

중국의 공식 명칭은 「중화인민국화국」이지만, 통상적으로 중국이라고 한다. 「中」은 중국이 세계의 중앙, 중심이라는 중국인의 의식을 나타낸 말이라고 할 수 있다.

중국의 면적은 9백 60만 평방킬로미터로 옛 소련, 캐나다에 이어 세계에서 세 번째로 땅이 넓은 나라다.

이 넓이는 유럽 전체 면적과 같고, 우리 나라 남북 전체의 면적인 22만 평방킬로미터의 44배이다.

또한 중국은 땅이 넓고 지형이 복잡하고 기후도 매우 다양하다.

동북지방은 겨울이 길고 여름이 짧으나, 남부지방인 해남성은 여름이 길고, 겨울이 짧다. 그러나 동부의 연해지방은 사계절이 뚜렷하다.

중국은 전 인구이 92%가 한족(漢族)이며 그 외 55개의 소수민족이 있다.

55개의 소수민족 중에는 90년 인구 조사시 1천 5백만 명이었다.

그 밖에 회족, 위구르족, 티베르족의 비중이 큰 편이다. 조선족은 인구 수가 약 2백만 명으로 소수민족 가운데 13번째로 많으며 동북 3성 지역에 옌벤 지역은 1952년 옌

⊙ 만리장성에서 아동문학인이 함께

벤 조선족 자치주로 인정되었다.

중국의 인구는 95년 2월 15일을 기해 12억으로 발표되었다. 중국 정부는 이날 「중국 12억 인구일」로 정하여 대회를 소집, 기념하고 금세기 말까지 초 인구를 13억 이내로 통제하기로 하였다.

중국은 다양한 민족으로 구성된 만큼 다양한 종교를 가지고 있다. 주요한 것 도교, 불교, 이슬람교, 천주교, 기독교 등이다.

이들은 각각 자체의 전국적, 지방적 조직을 가지고 있다.

중국의 신앙 인구는 약 1억에 달한다고 한다.

천안문 광장은 마오쩌둥의 초상화로 유명한 중국의 상징물로 많은 중국인들이 날마다 모이는 곳이다. 천안문 광장에서 이곳 저곳을 구경하고 다시 버스를 타고 한국 식당에서 저녁을 먹고 호텔에도 들르지 않고 이름난 서커스를 극장에서 보았다.

두만강 백두산, 옌지, 룽진촌을 보고 다시 베이징에 와서 다음날 1995년 8월 11일 새벽 아침을 들고 만리장성을 향해 떠났다.

만리장성은 북경에서 북쪽으로 70km 지점에 있는데, 달에서 보이는 유일한 인공건축물로 흉노족을 막기 위해 진시황 때부터 만들기 시작했다.

옛날 왕권 시대에 목숨을 걸어 놓고 쌓은 만리장성이 지금은 세계적 관광지가 되어, 중국인들에게는 경제적 도움을 주는 곳이다.

「중국장성」(북경체육대학출판사)을 보면서도 사계절 어느 때 가 보아도 그 장대한 성에 감동을 받

⊙ 만리장성

을만한 곳이었다.

수많은 사람들이, 수많은 버스를 타고 와 오르고 내리며 끝이 없이 진행되는 관광객들의 모습.

우리 일행도 다소의 비를 맞으며 많은 사람들 속에서 장성을 오르고 내리었다.

❍ 자금성 1)

베이징은 역사가 유구하고 건축이 웅장한 중국의 유명한 고도이다.

5개 봉건 왕조가 모두 이곳에 수도를 정하여 수도로써 약 1천여년의 역사를 경과함으로서 중국의 6대 고도의 하나로 되었다.

고도 중 베이징이 가장 크고 가장 완전하게 보존되었다고 한다.

만리장성의 관광을 하고 자금성을 찾아갔다.

❍ 자금성 2)

봉건 왕조의 황궁은 봉건정권의 상징으로 자금성은 명, 청 두 왕조의 역사를 담고 있고 명, 청 두 왕조의 24명 황제의 황국에서의 정치활동과 기거생활에 대한 역사 지식을 알 수 있다.

화려한 색채, 정교한 상식, 전아한 배치로 풍부한 예술적 효과를 나타내고 있다.

「북경 자금성」(고궁 박물관) 남북 길이 9백 60m, 동서 너비 7백 60여m, 전당 9천 9백 99칸(현존 8천 7백칸) 사위는 10m높이의 성벽과 52m 너비의 성에 둘러싸여 있다.

건축 배치는 엄격한 대칭 형식을 재용하여 제왕의 최고 권위와 기백을 보여 주었으며, 중국 건축의 우수한 전통과 독특한 품격을 구현하였다.

여름 여행은 많은 생각을 하며 새로운 길을 찾아다녀서 오랫동안 그리움으로 남아 있을 것이다.

대화를 위한 마카오, 선전, 홍콩의 여행

◐ 성당 앞

마카오는 홍콩에서 65km 떨어진 인구 50만의 항구 도시. 1577년 근처에 출몰하는 해적을 소탕한 공로로 포르투칼이 거주권과 주권을 얻었다. 그 후 동양무역의 거점으로 번성하였으나 19세기 중엽 중계무역의 주도권이 홍콩으로 넘어갔다.

기후는 아열대성으로 더운편.

포르투칼의 영향으로 성바오로성당 등 전교를 위한 가톨릭 성지가 많다.

동양의 최대 도박도시. 생산되는 것이 없어서 수입은 카지노 사업에 의존

하고 있다. 카지노는 마카오의 삶을 지켜주는 젖줄이다. 아파트는 많지만 작은방과 어려운 살림이 눈에 띈 마카오.

하룻밤을 세우며 카지노 현장을

◐ 민속춤

◐민속 쇼

찾아가 빠징꼬를 하며 그 감정을 느끼려고 했다. 성당, 관음사, 자동차 박물관 등을 돌아보며 많은 관광객을 만났다.

마카오에서 선전을 갈 때는 여행사의 가이드노 없이 배편을 이용하여 2시간 정도 걸렸다.

선전은 중국권이어서 여권 수속을 밟을 때 가이드가 나왔다. 가이드는 중국 옌지 출신의 동포로 잘 안내하였다. 중화민속문화촌을 관람하고, 저녁에는 실내에서 민속춤을, 야외에서 민속쇼를 보았다. 여러 의상과 차림으로 중국과 관계되는 여러 민족의 민속쇼를 진행하는 것은 가관이었다. 특히 한국을 상징하는 민속춤과 쇼는 우리 민족의 전통을 나름대로 표현하고 있어서 반가웠다.

이튿날은 소인국을 찾은 다음, 홍콩은 영국권이어서 여권 수속을 다시 밟고 선전에서 기차를 타고 홍콩으로 갈 수 있었다.

홍콩은 동양의 진주라고 불리운 항구 도시. 영국이 아편전쟁(1840~1842) 경과 홍콩과 구룡을 할양받아 99년 주권을 얻어 영국이 관할하게 되었다.

중계무역에서 가공무역으로 전환하여 세계유수의 자유 무역항이 되었고, 1984년 영, 중 합의하에 1997년 7월 주권을 중국에 반환하게 된다.

◐민속 문화촌

○나무

인구는 600만 명 정도 중국인이 98%.
샤오핑이 살았을 때 홍콩이 반환되는
것을 보겠다던 홍콩.

해양공원에는 수족관, 돌고래쇼, 물개
쇼와 놀이시설 등 관광시설이 잘 되어 있
다. 케이블카를 타고 정상에 올라갔고,
관광 후 에스컬레이터로 내려오며 사진
을 찍었다.

저녁에는 2백명이 넘는 관광객이 배
에서 식사를 하며 백만불 야경관광과 쇼
를 보며 노래를 들었다.

다시 쇼핑을 하였던 홍콩.

마카오, 선전, 홍콩은 세 나라가 주권
을 갖고 있어 세 곳 모두 여행사가 달랐고 가이드도 달랐다.

선전에서 홍콩으로 가는 기차를 탈 때도 다른 가이드가 나와 수속을 밟고 안내하였
지만 기차에는 가이드도 없었다.

가족들은 모두 바쁘지만 어렵게 시간을 만들어 1997년 1월 24일부터 27일까지 함
께 여행을 하였다. 밤
마다 모여 미래를 협의
하고, 이해하기 위한
대화 시간을 가졌다.

결혼 등으로 삶의
현장이 바뀌어지기 때
문에 함께 가는 여행은
새로움을 준비하는 여
행이기도 했다.

○거리의 악사

일본 문화예술의 동화마을 탐방

○ 동화마을 1)

1997년 7월 22일 일본 동화마을을 찾기 위해 아동문학작가들은 비행기에 올랐다.

센다이 공항에는 한국아동문학을 연구하고 우리말을 잘하는 나카무라 오사무 선생

○ 동화마을 2)

이 오사카에서 달려와 우리를 기다리고 있었다. 오랫만에 만났지만 즐거운 마음으로 악수를 나누었다.

뒷편이 레스토랑처럼 되어 있는 버스를 타고 동화마을 탐방에 나섰다. 일본 동북부에 위치한 센다이는 390년 전 성을 중심으로 발전한 고을로 번영한 도시였다.

수수한 시가지에 공동묘지가 이재롭다.

○ 동화마을 3)

주택가 복판에 들어차 있는 묘비석들. 주로 화장을 해서 집 근처에 묘소를 만든다.

돌로 쌓은 성벽을 끼고 비탈을 올라간다. 성은 흔적이 없고 옛날 기구와 무사복, 칼 등을 전시하고 있는 기념관에서 성의 역사를 담은 컴퓨터 합성 영화를 상영하고 있다.

오사키하치만 진자는, 무신을 섬기며 전쟁의 승리를 기원했던 곳을 지나 까마귀와 가나가나 매미의 묘한 울음 소리가 그윽한 신사 입구에는 몇 아름이나 되는 삼나무들이 서 있다. 신사 마당에는 손바닥만한 표찰이 매달려 있고 부적이 대나무 가지마다 매달려 있다.

첫 목적지인 도노까지는 자동차로 3시간이 걸린다.

버스가 달리는 주변 숲은 깊은 산처럼 울창했다. 2층 농가는 인형집처럼 작고 예쁘다. 어느 집이나 마당에는 화분이 정연하게 놓여 있어서 깨끗하고 그림 같은 풍경이다.

한적한 길이지만 지루하지 않게 도노에 닿았다. 이곳 도노에 '옛 이야기 마을'이 선 까닭은 동화적 전설을 담은 이야기의 근원지로 이야기의 배경 마

○ 동화마을 4)

● 농화마을 5)

을로 270년에서 100년 전 사이의 생활 모습을 재현해 놓았다.

전설의 여인이 채소를 씻었다는 시냇물을 건넜다. 농가 몇 채에 물레방앗간과 농기구, 생활 도구들은 잘 다듬어진 정원은 잘 보존되었다.

하나마키에서는 '은하철도 999'라는 만화영화로 친숙해진 미야자와 겐지의 기념관과 동화마을을 찾는다.

작가 미야자와 겐지 유품이 가지런히 정리되어 있다. 낡은 육필 원고를 비롯해 다섯 살적 사진이며 직접 그린 그림 등, 그의 모든 것을 한눈에 알 수 있다. 태어난 지 100년이 넘었고, 세상을 뜬 지도 반세기 이상 지났는데 작가의 발자취를 볼 수 있는 것은 가장 크고 값있는 일이다. 지나치게 미화되고 우상화, 신격화 한 것은 아닐까 의심이 갔지만.

꿈의 세계를 체험할 수 있게 해놓은 동화마을 역시 겐지의 동화를 테마로 하고 있다.

'은하 스테이션'이라고 쓰인 입구. 하찮은 배수구에 새겨진 별자리, 기념품 가게인 '백조의 역'……. 건물은 환상적인 공간. 첫째 방은 별, 나뭇잎, 구름 등의 의자, 책장, 책, 걸린 외투가 모두 흰 빛이다. 벽에 그려진 밤하늘 그림만 색채를 띠고 있을 뿐.

다음에는 오색찬란한 은하 세계, 산과 마을 화

● 동화마을 6)

175

● 동화마을 7)

면이 바닥에서 움직이고 있다. 다음에는 거대한 곤충과 식물 모형. 마지막에는 '첼리스트 고슈'와 '주문이 많은 요릿집'의 줄거리를 작은 인형들이 연출하고 있다.

　　종일 동화에 묻혀 지내고, 하나마키 호텔의 타원형 테이블에는 동화 이야기로 음식이 굳을 지경이었다.

　호텔 근처에 있는 소바집으로 옮겨 앉아 대화의 장을 활짝 열었다. 아동문학을 화제로 여러 가지 문제점을 제기했으며 바람직한 방향으로 의견을 모아 보았다. 새로운 다짐과 의욕을 소신껏 밝히는 사뭇 진지한 모습들. 열띤 토론이 끝이 없었다.

　한때, 2차 대전을 독려하는 글을 썼다는 시인 다카무라, 그가 7년간 칩거했던 산장은 야트막한 산자락에 묻혀 있는 오두막. 시인은 인적 없는 산골, 다다미 몇 장 크기의 초라한 그곳에서 스스로를 징계했다. 책임 있는 그의 삶 덕인지, 다카무라 산장은 귀하게 보존되어 헛간 같은 누옥은 거흡사한 덧집 속에서 안전하게 보호받고 있다. 유품 전시관으로 가는 길목엔, 친필 원고를 동으로 떠서 자연석과 조화시켜 놓은 시비가 멋스럽다. 오솔길은 해묵은 흙내에 버무려 채취를 살리고 있다. 이름 없는 촌구석을 철저하게 역사의 장으로 자리매김한 일본인의 예술 존중 의식이 우리 실정과 대비되어 안타깝다.

　마쓰시마는 일본 3

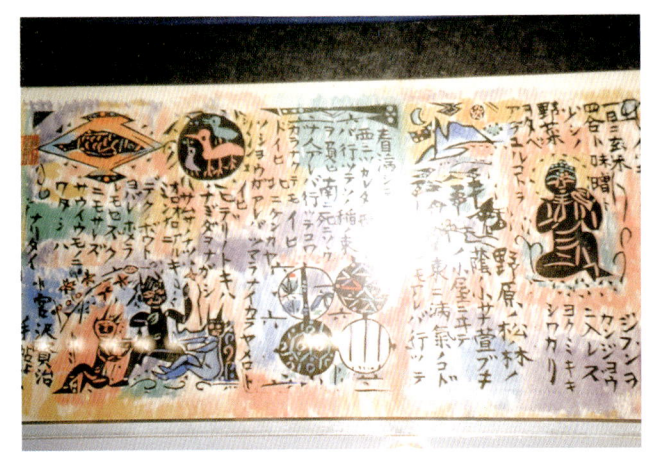
● 동화마을 8)

대의 절경의 하나이며 280
여 개의 섬이 있다.

망망대해를 그리다 눈을
뜨니 오목조목 떠 있는 섬
들이 들어온다. 시리도록
푸를 거라 생각했지만 칙칙
한 빛깔이다.

섬들 사이를 지나 시오
가마랑(소금 솥이라는 뜻)
으로 운항하는 유람선. 부

◐동화마을 9)

우웅~! 힘찬 고동을 울리며 배가 물살을 가르자 수십 마리의 갈매기가 날아오른다. 과
자를 던져주자 날카로운 부리로 톡톡 채어간다. 노련한 솜씨에 감탄을 연발하면서도
어쩐지 씁쓰레하다.

다시 찾아간 곳은 섭섭하게도 또 신사. 회오리처럼 몰아친 근대화, 현대화 과정에서
그들만의 신사가 사방에 널려 있다.

시오가마랑에 있는 신사는 주로 교통과 순산, 뱃사람들의 안전을 빈다고 하는데 규
모가 사찰만큼 번듯하다.

숙연함에 젖어 창가에 서니 빌딩이 우쭐우쭐 어깨를 맞대고 있는 사이에 옴폭 들어
간 곳. 그 곳이 '시인의 생가'.
금싸라기 땅에다 허름한 시인
의 집을 남기는 일본 문화예
술의 보존에 우리는 어떻게
하고 있는가 걱정에 부아가
난다.

파문이 일렁이는 가슴 속에
서 추억의 조각을 맞는듯이.

◐동화마을 10)

오토바이 도시, 타이완 관광

◐ 타이완 방문

새로운 것을 보며 새로운 생각을 할 수 있는 여행은 아름답고 기쁜 일이다.

1997년 9월 3일. 타이완은 중국 대륙에서 160킬로미터 떨어져 있고 남지나해에 위치한 3만 5천 평방킬로미터의 섬나라. 인구는 2천 1백만 명.

오랫동안 중국, 네덜란드, 스페인, 포르투칼이 지배하였고 1895년부터 1945년까지는 일본이 지배하였다. 관광 안내는 타이완이 '아름다운 섬' 이라고 하였다.

그러나 타이완이 경제적 성공을 거둔 것은 중국 대륙에서 물러난 국민단 장제스 정부가 타이완으로 온 1949년 이후였다.

농업과 공업을 균형있게 육성하고 여러 상품을

◐ 병사

● 소인국 방문

수출하여 외화를 확보한다.

야시장에는 우리의 남대문 시장처럼 의복, 음식 등 갖가지 상품들이 진열되어 있고 그 상품을 사려는 행렬이 끝없이 이어지는데, 밤시장을 걷기도 하였다.

타이완에서도 자동차가 홍수를 이루지만 일천만 대가 넘는 오토바이가 있다.

아열대 지방의 야자수들이 도로변에 가로수로 서 있고 그 도로변에는 오토바이가 줄줄이 정차해 있다. 출퇴근 시간에는 오토바이 행렬이 끝없이 이어지고 있다.

야자수들이 열매를 맺지 않게 한 것은 교통사고와 인명 피해를 없애기 위한 일이라고 한다.

첫째날, 환영인사와 한·중(타이완) 잡지협회 자매결연 23주년 기념으로 그 동안의 결과와 앞으로 실천할 내용을 협의한 뒤 환영만찬을 가졌다.

타이완은 아동소년류 잡지는 월간 15종, 주간 6종이 있고, 가정생활류는 월간 17종, 격월간 1종, 계간 1종이 있어서 많은 양이 발행되는 것을 알 수 있었다. 몇 개의 잡지들을 받기도 하였지만 순수아동문학 전문지는 보이지 않았다.

둘째날, 중정(장제스)기념당, 신문국, 고궁박물관을 참관하였다.

총 면적 25만 평방미터로 정문에는 30미터 높이의 현판에 대중지정(大中至正) 네 글자가 새겨져 중산남로를 마주보면서 우뚝 세워져 있다.

기념당 둘레에는 1,200미터의 돌담길이 둘러져 있고 화단, 산책길, 잔디광장, 꽃동산, 연못들이 조화롭게 어우러져 시민의 공원이 되고 있다.

고궁박물원(古宮博物院)은 산기슭에 있고 전통적 중국 건축물로 장엄하였다.

● 소인국

○ 소인국에서

1965년 고궁박물관 본관 건물이 완성된 후에도 부대시설도 건설하였고 내부시설도 완벽하게 시설을 보완, 진행하였다고 한다.

소장품은 과거 천여년 동안 송, 원, 명, 청나라 때의 궁궐의 옛 소장품을 모았던 것이고 그 후로는 계속 수집하여 오늘의 큰 규모로 이룩되었다.

중화민국 13년(서기 1924년) 청나라 마지막 황제 푸이가 고궁에서 퇴궐함으로써 중화민국 14년 동고궁에 고궁박물원을 설립하였던 것이 시작이었다.

그러나 근대 중국은 대일항전, 국내전쟁을 겪으면서 이들 문물은 어려움을 많이 겪었다. 중화민국 정부를 따라 베이징에서 난징으로, 다시 난징에서 셰촨으로 옮겨졌다. 그 후 대일항전이 승리하여 이들 문물은 난징에 돌아왔다. 그러나 중화민국 37년(1948년) 내전의 결과로 난징에서 타이완으로 옮겨졌다.

전란 속에서 문물이 이송된 과정을 보면 많은 시간이 소요되었고, 거리도 멀고 위험도 많았다. 그러나 무사히 옮겨져 박물관 역사상 기적으로 볼 만하다.

소장품의 수량은 70만 점에 이르고 해마다 구입하고 기증을 받아 지속적으로 증가하고 있다. 그리하여 중국의 큰 역사요 문화재산으로 볼 수 있다.

그 가운데서도 완벽한 것은 도자기, 서화, 청동기라 할 수 있다. 옥기, 칠기, 노리개 상자, 법랑기, 문구, 조각품, 직수품, 선본도서 등도 많이 소장되어 종류의 다양성과 품질의 정교함은 세계의 어느 것과도 필적할 만할 것이다.

이런 많은 소장품들을 다 전시할 수 없어서 일부만 전시하고 영구전시와 주제전시로 나누어 전시하고 있다. 정말 상상할 수 없는 예술품에 경탄이 가득할 뿐이다.

○ 타이베이 시가지

이번에 타이완을 여행한 것도 고궁박물원을 참관하려는 것이었고, '국립고궁박물원' 발행의 '고궁승경' 책들을 산 것도 같은 생각 때문이었다.

셋째날, 중화민국 국부(國父)로 일컬어지는 쑨 원의 국부기념관을 보며 큰 그릇들을 보는 것 같았다.

● 장제스 흉상

쑨 원 동상 앞에는 두 병사가 서 있는데 몇 번이나 사진을 찍으며 바라보아도 움직이지 않았다. 눈동자도, 눈썹도, 살갗도 조금도 움직이지 않고 숨도 쉬지 않고 서 있었다. 많은 시간을 보내며 기다리고 있었다. 그러자 조금씩 움직이고 병사로서 인계 인수하는 것을 보며 그 초인력에 경이로움을 느꼈다.

넷째날, 타이완 소인국을 찾았다.

— 소인국은 한 개의 모래알에 한 개의 천지가 들어 있다.

타이완, 중국 및 세계의 축소판, 미니 왕국.

1984년 개관하여 동서 건축의 멋을 풍긴 소인국. 그렇게 작게, 적게 만드는 일이 끝없이 계속되는 곳. 용산사, 공자묘, 도동서원, 천후궁, 중정기념당, 국부기념관, 대중항신호대와 자금성, 승계류, 불궁사 석가탑, 만리장성, 천단관성래를 그리고 인도, 일본, 한국, 미국, 유럽, 아프리카의 여러 건축물들을 보았다.

소인국에서는 배, 기차, 목마, 회전열차, 우주유람선을 타며 동심의 세계에서 보냈다. 우주유람선을 탈 때는 정말 아찔하고 어지러웠지만.

가까운 나라, 부지런한 나라, 친절한 나라, 타이완에서 많은 것을 배우고 생각할 수 있었다.

지금은 타이완의 난이 꽃을 피우고 향기로움을 주어서 고마움을 갖는 시간이다.

● 타이완을 찾은 잡지 발행인

터키와 아름다운 이스탄불

이스탄불 소피아박물관 앞(98. 7. 4)

여행은 아름답고 즐거운 시간이다. 모두들 IMF로 어려움을 겪고 있는데 해외여행을 하게 되어 안타까움이 많았다.

그러나 대우 불가리아 자동차판매법인의 지원과 한국 · 불가리아 문학의 밤이 개최되어 문화와 우의를 다지는 일에 도움이 되었다. 새로운 것을 보는 시간은 아름다움이다. 더구나 우리나라 문인 16명과 함께 터키, 불가리아, 그리스를 1998년 7월 3일부터 14일까지 여행하게 되어 즐거웠다.

토인비는 터키를 '살아 있는 역사적 박물관'이라고 했다. 많은 고고학자들도 유적과 유물의 발굴과 연구를 위해 오는 곳, 아시아와 유럽이 교차되는 곳 터키. 많은 종족들이 이 땅의 지배를 위해 전쟁이 많았던 곳 터키.

도시나 농촌이나 관광지로 매혹되고, 옛 문명의 산지였던

유프라테스와 티그
리스강을 따라 수많
은 부족과 문명들이
명멸했던 역사와 종
교적 유물이 산재해
있는 터키.

터기는 오스만제
국의 전성기인 슐레
이만왕 때는 영토를
오스트리아 비엔나

빵을 만드는 터키 여인들

로부터 홍해까지, 페르시아만으로부터 알제리까지 확장시켜 서구 유럽을 위협했다. 그
러나 왕권제도, 퇴폐정치를 타파하기 위해 케말 파샤가 오스만왕국을 멸망시키고 터키
공화국을 세웠다.

케말 파샤는 24세에 육군장교가 되고 개혁을 하려는 비밀결사모임에 참가하였다.
제1차대전 다다넬즈 해협에서 영·불연합군을 격파하여 명성을 얻었고 1992년에는 그
리스군과 싸워 이겼다. 그리하여 술탄을 퇴위시키
고 터키공화국 초대 대통령이 되었다.

케말 파샤는 정치와 교육을 분리시키고 아라비
아 문자를 폐지하고 라틴문자를 쓰고 미터법을 허
용하는 등 근대정책을 정책적으로 추진하였다.

케말 파샤는 1881년 그리스의 댓사로니카에서
태어나 1938년 이스탄불에서 세상을 떠났다. 지
금도 터키인들은 국부로 부르며 추앙하고 있다.
6·25에는 우리를 돕기 위해 군대를 보내서 참전
하였던 나라.

이스탄불은 터키에서 가장 아름다운 도시로 칭

거꾸로 놓여 있는 메두사 얼굴

○ 이스탄불 전경을 보며

송을 받을 수 있는 곳.

프랑스 작가 길리우스는 '다른 나라의 도시들은 그 생명이 유한해도 이스탄불은 지구상에 인류가 살고 있는 한 언제까지나 살아 있는 도시가 될 것 같다'고 감탄했다.

이스탄불의 최초의 이름인 비잔티움의 설립자는 메가리온족의 바자였다.

무역과 상업의 중심지가 되었고 포도주와 어업도 발전한 땅.

골든혼은 석양 무렵 황금빛을 발한다고 붙여진 자연항으로 언덕에는 과거 왕국의 유적들인 톱카프궁전, 성소피아 교회, 슐레이마니에 모스크, 정복자 모스크, 칼라타탑 등등 많은 유적들이 세워져 있다.

갈라파 다리 위에 보게 되는 이스탄불은 인류와 세상의 많은 변화를 느낄 수 있고 아름다움과 즐거움을 주고 있다.

이스탄불은 유럽의 여행자에게는 지중해의 동쪽 끝.

보스포로스 해협의 대수로인 입구는 지정학적으로 이상적인 곳으로 마드리아해와 구부러진 뿔 같은 모양의 만의 언덕에 세워져 있다. 주민은 이스탄불을 '세계의 중심'이라고 말하고 있다.

이스탄불에서는 그리스도교 회의도 자주 열렸고 삼위일체의 정통론도 확보되었으며 로마교회와 그리스정교

○ 보스포로스 다리 앞

184

의 분리도 결의된 곳이다.

비잔틴제국의 자취가 가장 많이 남은 곳은 아크로폴리스 언덕 부근에 있는 성소피아 박물관(옛날 성소피아 교회)이다.

박물관의 모자이크 벽화들은 창조적이고 아름답다.

❂ 디자인 쇼

성소피아 박물관 앞에 있는 술탄 아프멧 광장에는 옛날에는 경마장으로 6만 명의 관객을 수용하였고 여러 행사를 치루기도 했다.

물을 사들고 다니고 화장실에 가기 위해서도 터키의 동전을 갖도 다녀야 하는 도시. 문명의 도시, 이스탄불. 집을 2층, 3층, 4층을 지으면서 경제적으로 형편이 나아지면 또 짓고 어려울 때는 그대로 지내고 있는 터키인.

넓은 들녘에는 해바라기들이 가득 넘실대고 있는 땅. 불가리아를 가기 위해 해바라기를 바라보며 들녘을 달리고 있다.

한사랑식당은 한국인이 경영하고 한글간판이 걸려 있는 한국식당. 된장국, 김치맛이 여행객들을 즐겁게 하고 있다.

*성소피아 사원 : 성소피아 사원은 '거룩한 지혜'를 뜻하며 금 90 t 에 해당되는 막대한 비용을 들여 A.D 537년 유스티니아누스황제 때 건축되었다.

❂ 가게에서

185

❂ 블루모스크

비잔틴제국(537~1453)의 기독교 신앙의 중심적인 역할을 했다. 오스만터키의 콘스탄티노플 점령 이후 회교사원으로 개조되어 500여 년 사용되었다. 1935년 터키공화국 케말 파샤 대통령 때 박물관으로 보존토록 하고 종교의 식을 금했다. 건축학적으로 세계에서 뛰어난 비잔틴 건축물.

　*히포드롬(마차 경기장)에 세워진 오벨리스크 : B.C 15세기 이집트의 투트모세 3세 때 이집트 룩소 카르낙 신전에 세워진 오벨리스크의 하나. 메소포타미아 군대에 승리한 것을 기념하여 A.D 390년 데오도시우스 1세 때 이스탄불로 옮겨짐.

　*보스포로스 다리 : 보스포로스 해협은 길이가 30km정도로 마르마라해와 흑해를 연결하고 있고 유럽과 아시아 대륙을 나누면서 이스탄불 중앙을 흐르고 있다. 세계 4위의 현수교인 이 다리는 유라시아 대교라고도 불리며 다리의 길이는 1.1km이고 1873년 영국과 독일의 합작으로 완공.

　*블루 모스크 : 1609~1616년에 건축되었고 성소피아 사원을 모방하였다. 세계 유일의 6개의 첨탑을 가진 웅장한 모스크. 마호멧 1세가 메카로 떠나기 전 건축가들에게 황금으로 된 첨탑을 세울 것을 명령했으나 재정적으로 어려워 돌첨탑을 세웠다고 한다.

❂ 해바라기 들녘에서

한·불가리아 문학의 밤

◑ 한·불 문학의 밤 행사 후

　우리는 터키에서 버스를 타고 국경을 넘어 불가리아의 휴양지인 흑해연안의 바르나로 가며 불가리아를 생각하고 있다.

　불가리아는 인구 840만 명으로 오랫동안 북한과 수교를 해 왔고 우리 나라도 수교를 하고 있다.

　자연의 혜택을 받은 산악지역이 많은 나라로 북쪽으로는 다뉴브강 유역의 평야와 남쪽으로는 트라키아평야가 있다.

　불가리아는 사회주의를 하면서도 비교적 조용하게 혁명이 일어나고 현재의 정부도

● 불가리아의 성스러운 릴라산

공산당 시절의 간부를 지냈던 사람들이 대부분이다.

대통령 5년, 수상, 국회의원 4년의 임기로 국회의원 수는 240명. 의회민주제 정부형태로 의원내각제에 대통령제를 가미한 나라.

불가리어를 쓰고 있으며 수도는 소피아, 인구 120만 명.

인접 국가는 그리스, 마케도니아, 세르비아, 터키, 루마니아이며 휴양지로는 흑해연안인 바르나. 우리는 국경을 넘어 버스 속에서 잠을 자며 밤을 세워 바르나에 갔다.

불가리아는 동로마제국의 지배와 오스만터키의 지배를 받았다.

1, 2차 세계대전 시에는 독일을 지지하여 영토가 축소되었고 2차 대전 후 공산당이 집권하여 인민공화국을 선포하였고 오랫동안 공산정권이었으나 1997년 민주연합 집권으로 민주화가 이루어지고 있다.

바르나에서는 3박 4일 동안 관광.

흑해라고 해서 어둡고 침침한 바다라고 생각하였으나 아름답고 깨끗한 바다로, 배가 다니고 고기를 잡고 해수욕을 하는 바다였다.

그리고 불가리아 수도 소피아로 이동하여서는 대우에서 인수한 쉐라톤 소피아 호텔에서 여장을 풀었다. 터키와 불가리아 바르나에서는 호텔도 1인 1실이었지만 쉐라톤에서는 2인 1실이 되었다. 그만큼 호텔 비용

● 역사적인 죄인의 동상

● 릴라수도원

이 비싸다고 하였다.

불가리아의 성스러운 릴라산을 오를 때는 험한 길에 정성을 다해 오르고 내렸다.

이석조 대사관저에서 부페식 만찬에 초대되어 인사를 나누며 즐거운 시간을 가졌다.

한국 참가문인 16명, 대우 불가리아 자동차판매법인 사장, 직원, 소피아 대학 교수, 불가리아인 조교, 대사관 직원, 대사 부인, 딸들이 함께 자리를 만들어 사진도 찍고 웃음을 나누며 여러 가지 이야기를 나누었다.

다음날 소피아 대학에서 한국학과 학생들과 대화를 가졌다. 소피아 대학 최건진 교수와 한국어과 조교수들의 참여 속에 한국문학 강연과 학생들의 의문을 질문도 받으며 진지한 시간을 가졌다.

소피아 대학 한국어과 조교인 보이코 파브로브는 '아침을 위하여'를 알고 있고 번역을 하였다고 이야기하였다.

'시 낭송회에는 처음 나왔다'는 이야기부터 시작해서 좋은 생각을 하고 있었다.

● 불가리아 민속품

○ 릴라수도원

한국시는 참석한 시인들의 작품을 한국어로 낭송하였고, 그것을 소피아 대학 한국어과 학생들이 불가리어로 낭송하였다.

또한 '현대한국시선' 출판기념회는 번역하여 낭송하였다.

문학의 행사에서 더욱 잊을 수 없는 것은 불가리아인 학생들과 함께 자리를 만들어 간단한 한국어와 영어를 하며 어울린 시간이다.

한·불가리아 문학의 밤을 가진 소피아는 중심부에 공원과 광장이 있고, 역사와 세월을 담은 품격도 갖고 있다.

알렉산더 네프스키 성당에는 지하에 종교미술관이 있고 투르노보에서 가져온 성모의 죽음을 담은 프레스코 그림, 성사, 성화골 역사, 변모를 볼 수 있다.

1877~1878년 동안 일어났던 터키와 러시아 전쟁에서 죽은 이십만의 러시아 병사를 기리기 위해 만들어진 것으로 황금빛 돌을 가진 네오비잔틴 양식의 사원이다.

이 사원의 내부는 불가리아, 러시아 화가들이 그린 성화로 가득차 있다.

사원 지하에는 고대와 중세의 불가링 미술품이 전시된 미술관으로 신비로운 분위기가 있다.

○ 흑해연안의 바르나

역사와 신화의 나라, 그리스

❖ 그리스 파르테논 신전

그리스는 아름다운 나라. 그리스인은 마음이 아름답고, 인정이 많고 따뜻하다.

서로 사랑하며 즐거움을 갖는 나라. 언덕 위에 옹기종기 모여 있는 작은 집.

동화 속의 요술집 같은 나라.

인구 1,000만, 2,918m의 올림푸스산. 마케도니아, 로마의 침략과 지배 속에서도 터키의 혹독한 식민정책과 수모 속에서 자존심을 지켜온 나라.

영국의 군사 협조와 러시아, 프랑스, 이집트의 후원에 힘입어 식민지에서 벗어난 그리스. 지중해 연안은 햇빛이 강하여 그리스인들은 아름답게 살아가고 있다.

그리스정교도가 96%이고 소수가 이슬람, 유태교.

코발트색 바람에 밝은 태양이 비치는 곳. 트로이전쟁, 호메로스의 서사시, 사적의 보고의 나라 그리스.

아크로폴리스, 파르테논 신전, 아폴로 신전, 메테오라 수도원, 신전의 세 기둥, 코린트 유적, 코린트 운하, 로도

ATHENS

G. GOUVOUSSIS

191

○ 아크로폴리스 언덕

스의 나라.

그리스는 4,000년 전에 도시국가를 형성하여 예술과 문화가 발생하고 현대와 고대의 공존으로 신화와 신전이 조화롭게 이루어진 나라.

또한 3,000년의 역사를 지닌 아테네. 민주주의가 꽃을 피우고 아크로폴리스의 언덕에는 폴리스(도시)가 형성된 나라.

*코린트 운하 : 이오니아해의 코린티아코스 만과 에게해의 사로니코스 만을 연결하는 폭 23m, 길이 6,343m의 운하로 그리스와 이탈리아를 연결하고 있다. 고대 때부터 이곳에 운하를 만들 계획이 있었으나 실제로 운하가 완성된 때는 1893년 프랑스의 민간회사에 의해서였다.

*아크로폴리스 언덕 : 문명이 열린 높은 장소인 아크로폴리스(높은 마을이라는 뜻)는 아테네의 상징이자 관광의 핵심이다. 언덕 정상에는 2,500여 년의 영광을 간직한 파르테논 신전을 비롯, 수많은 신전들이 서 있다. 이곳의 유적들은 길게는 B.C 1,000년까지 거슬러 올라가지만 아테네 니케 신전과 파르테논, 이릴티온 신전 등 주요한 유적들은 B.C 5세기 경의 페리클레스 시대에 만들어졌다.

*파르테논 신전 — 아크로폴리스 최대의

○ 유적을 찾는 관광객

◑ 아크로폴리스 언덕

신전 : B.C 432년 페리클레스 시대 때 천재조각가로 불렸던 피리아스의 감독 하에 15년에 걸쳐서 당대의 조각가, 석공 등을 총동원해 만들었다. 도리스 양식의 최고봉으로 일컬어진 이 신전은 아테네의 수호신인 아테니를 모시던 곳으로 가로 30.88m, 세로 695m, 기둥의 높이 10.43m, 기둥의 직경은 아래로부터 1.9m, 머리 부분은 1.45m.

*올림픽의 기원과 역사 : 고대 그리스에서는 많은 제전 경기가 열렸는데 그 중에서도 미스티미아, 피티아, 네메아, 올림피아에서의 경기가 유명했다. 고대 올림픽이 열리게 된 기원은 첫째 펠로프스가 피사의 왕 오이노마오스와의 전차 경기에서 승리하여 그의 딸과 나라를 손에 넣은 것을 기념하였다는 설, 둘째 헤라클레스가 엘리스의 왕을 깨뜨린데서 시작되었다는 설, 셋째 제우스에게 바치는 제사의 일종으로 시작되었다는 설이 있으며 경기 중에는 모든 전쟁이 중단되었고 우승자에게는 올리브관을 수여했다. 1984년 쿠베르탱이 근대 올림픽을 부활. 1896년 제1회 올림픽이 아테네에서 열렸다.

◑ 그리스에서 터키로 가는 국경을 넘으며 어린이는 장난을 친다.

193

로스앤젤레스에서 열리는 문학 축제

◑ 제14회 해변문학제(2001. 7. 28)

2001년 7월 24일. 〈재미시인협회, 크리스찬문인협회, 재미수필문학가협회, 라디오 코리아〉가 공동으로 주관하는 '제14회 해변문학제'에 초청을 받아 신세훈 시인, 정목일 수필가와 함께 미국을 향하였다. 다음날 오후 5시. LA에 도착하여 해변문학제 임원진의 환영을 받으며 앞으로 일정표를 받았다.

◑ 백일장에서 정목일, 신세훈, 박종현 문인

숙소는 '가든 스위스 호텔'. 우리는 일정에 따라 한국일보를 방문하여 한국문협미주지회 창립을 설명하였더니 신문에 상세히 나왔다.

한국문인협회 신세훈 이사장과 박종현 아동문학분과회장, 정목일 수빌분과회장이 한국문협 미주지회 창립과 제14회 해변문학제 초청강연차 LA를 방문했다. 세 사람은 UCLA 교환교수로 와 있는 소설가 조갑상 씨와 합류, 28일 마리

○ 고운 시인 댁 방문

나 스테이트 비치팍의 포인츠 벤추라 하버타운 호텔에서 개최되는 해변문학제에서 장르별로 신세훈 씨는 시, 정목일 씨는 수필, 박종현 씨는 아동문학, 조갑상 씨는 소설에 관해 강연하고 미주 문학동호인들과 함께 바베큐 파티, 시낭송회 등 다양한 프로그램을 나눌 예정이다.

○ 한무학 작가와 함께

신세훈 이사장은 "미주뿐 아니라 남미, 중국, 러시아, 일본 등지에서 한글로 글을 쓰는 해외동포문인들을 모두 한국문협이 수용할 수 있도록 각 지역에 지회를 결성할 계획'이라고 밝히고 미주지회 결성과 관련 갈등을 보이고 있는 이곳의 문단에 대해 "글 쓰는 선비들이 화합하는 모습을 보여 줘야 문권을 지킬 수 있다"며 해변문학제를 마친 후 모두 개인적으로 만나 순조로운 지회 창립을 위해 의견을 모으도록 총력을 기울일 것이라고 강조했다.

제14회 해변문학제는 2001년 7월 28일(토) 개최되어 · 장르별 그룹 토의 · 해변 백일장 해변 바베큐 · 해변 시 낭송회 · 문학 세미나 · 백일장 시상식 · 우리 모두 즐겁게(경품 추첨) · 황혼의 저녁 식사로 이어졌다. 축제를 위해 인사, 축사, 강의, 사회, 진행, 접수, 안내, 전반책임 등을 구성하여 기획있는 행사였다. 또한 해변문학제 장소와 교통 및 호텔

○ 샌프란시스코

195

도 지도를 넣고 안내문도 자세히 설명되어 있다.

당초 일정대로 진행되었고 홍승주 희곡작가분도 함께 만나 행사에 같이 참석하였다.

· 26일 시내관광, 한국일보, 무종의 종각, 롱비치, 재미시협 환영회, 야경투어.

· 27일 라디오코리아, 재미수필가문협 환영회 (레돈도비치)

· 28일 해변문학제 출발(라디오코리아), 분임 토의(야외비치), 야외 중식, 세미나(호텔), 야외 석식 (해변), 문협 답례(산타오나카비치)

◐ '요세미티' 관광으로

· 29일 문협회의, 비치와 야경, 문협 미국지회창립 준비위원회(한인타운)

· 30일 고은 시인댁 방문, 한무학(커피숍) 인사

7월 31일부터는 한국에서 간 신세훈, 정목일, 박종현 시인, 수필가가 요세미티 공원 등 2박 3일 관광.

· 31일 한인관광본사에서 출발, 바스토에서 점심 식사, 베이커스필드에서 잠시 휴식, 건포도의 고장 프레즈노 도착, 저녁 식사 후 호텔

· 8월 1일 아침 식사 후 프레즈노 출발, 미국의 금강산, 요세미티 국립공원, 마리포사 도착, 점심 식사, 세계의 미항, 샌프란시스코 도착, 샌프란시스코 시내관광(금문교/차이나타운/다운타운), 샌프란시스코 출발, 산 라파엘 도착, 호텔, 최백산(수필), 주평(동극작가) 등 15명의 교포문인과 대화

· 8월 2일 산 라파엘 출발, 태평양 연안의 천하절경, 몬트레이 반도, 페소로블, 덴마크 민속촌, 솔─뱅, 시내관광, 로스엔젤레서 도착, 서울행.

◐ 샌프란시스코